Jürgen Moltmann

Im Gespräch mit ERNST BLOCH

Jürgen Moltmann

Im Gespräch mit ERNST BLOCH

Eine theologische Wegbegleitung

Chr. Kaiser

CIP-Kurztitelaufnahme der Deutschen Bibliothek

Moltmann , Jürgen

Im Gespräch mit Ernst Bloch : e. theol. Wegbegleitung.
(Kaiser Traktate ; 18)

ISBN 3-459-01048-7

Umschlag von Ernst Eichinger
Foto: Bilderdienst Süddeutscher Verlag
Gesamtherstellung: Georg Wagner, Nördlingen
Printed in Germany

Ernst Bloch
dem neunzigjährigen
Lehrer
der Hoffnung

Inhalt

Vorwort

Vergleicht man die Gegenwart des Jahres 1975 mit der Zeit um 1965, dann stößt man auf eine tiefgreifende Veränderung im geistigen Klima. Damals war die Bundesrepublik Deutschland erfüllt von Reformpolitik, Entwicklungshilfe, hohen wirtschaftlichen Zuwachsraten, Überbeschäftigung und einem allgemeinen Aufbruch zu neuen Möglichkeiten. Der Erneuerungswille war nicht nur bei Studenten lebendig. Die Weltkirchenkonferenz in Uppsala 1968 stellte sich darum unter das Wort der Hoffnung: »Siehe, ich mache alles neu«. Heute sind wir ökonomisch, ökologisch, politisch und seelisch offenbar an die Grenzen des Möglichen und an die Grenzen der Belastbarkeit gestoßen. Die Widerstände und Widersprüche haben sich als größer erwiesen, als der hoffnungsvolle Erneuerungswille angenommen hatte. Die Reformpolitik stagniert, die Entwicklungshilfe wird reduziert, die Wirtschaft befindet sich in der Rezession, und über eine Million Arbeitslose machen die Hoffnung auf und die Bereitschaft für mehr soziale Gerechtigkeit in unserem Lande rar. Gegenüber der Weite ökumenischer Verantwortung sind neue Beschränkungen auf das eigene kirchliche Leben entstanden. »Wie stabil ist die Kirche?« lautete 1974 die Frage der umfangreichen soziologischen Untersuchung der Evangelischen Kirche in Deutschland. »Halte, was Du hast« und: »wahre Deinen Besitzstand« scheinen heute die Maximen des Handelns zu sein.

Was ist zwischen 1965 und 1975 passiert? *Erhard Eppler* hat in seinem Buch: Ende oder Wende. Von der Machbarkeit des Notwendigen, 1975, auf die *ökonomische Zäsur* hingewiesen, die mit der Ölkrise 1972 kurzfristig ins Allgemeinbewußtsein getreten ist, aber langfristig das geistige Klima verändert hat. Aus der Illusion einer wachsenden Überflußgesellschaft sind wir in eine allgemeine Verknappungssituation geraten. Das ökonomische Wachstum stößt nach Auskunft des »Club of Rome« an ökologische Grenzen. Der »Teufelksreis der Armut«, aus der Spirale von Bevölkerungswachstum und Nahrungsmittelverknappung entstanden, wurde nicht aufgebrochen. Heute hungern 500 Millionen Menschen permanent. In den nächsten zwanzig Jahren werden 1 Milliarde Menschen geboren, für die es keine Lebensmittel gibt. Es ist unwahrscheinlich, daß die große Hungerkatastrophe vermieden werden kann, denn seit 1972 geht die Nahrungsmittelproduktion auf der Welt zurück. Im eigenen Land sinkt die »Lebensqualität« dieser Generation durch Rezessionen auf dem Arbeitsmarkt und Kostenexplosionen im Gesundheitswesen. Die Lebensqualität der kommenden Generationen sinkt durch rapide Staatsverschuldungen. Die Reaktion auf diese ökonomische Zäsur kann als *äußere und innere Blockbildung* bezeichnet werden. Große Wirtschaftsblöcke setzen ihre Interessen ohne Rücksicht auf das »Gemeinwohl der Welt« durch, dh. auf Kosten der ohnehin schon armen Völker. Gruppen und einzelne Menschen ergeben sich der Reform- und Hilfsmüdigkeit und ziehen sich auf innere Linien der Verteidigung ihres Besitzstandes zurück. Es entsteht eine »geschlossene Gesellschaft«. Wo Hoffnung ist, da sind auch Investitionen von Zeit, Kraft, Arbeit und Kapital für eine gemeinsame Zukunft. Wo Hoffnung in Angst vor der Zukunft umschlägt, lassen sich die notwendigen Investitionen nicht mehr realisieren. Genau damit aber wird die gemeinsame Zukunft verhindert und die Katastrophe vorbereitet. Das kann man mit E. Eppler die heutige *Krise der Hoffnung* nennen. Sie kann angesichts der Realitäten, die genannt wurden, nur in der Kraft einer Hoffnung überwunden werden, die sich selbst und anderen keine Illusionen vormacht, die sich aber auch nicht der Resignation ergibt. Gerade in der heute notwendigen, gemeinsamen und gerechten *Verwaltung des Mangels* wird die Kraft der Hoffnung, die sich in unerläßlichen Verzichten und Investitionen für die Zukunft äußert, gebraucht, um den *Lastenausgleich* im eigenen Volk und mit den hungernden Völkern dieser Erde in die Wege zu leiten, ohne den es keine Zukunft geben wird.

Ernst Bloch hat seit fünfzehn Jahren in der Bundesrepublik und weit darüber hinaus durch seine Bücher und sein öffentliches Auftreten die Funken der Hoffnung verbreitet. Sein 90. Geburtstag in diesem Jahr war für mich ein Anlaß zur Bestandsaufnahme. Ich habe mich seit 1960 bemüht, seinen Weg als Theologe angeregt und kritisch zu begleiten, durch den Vergleich mit den biblischen und christlichen Traditionen der Hoffnung auf der einen Seite und durch die Verarbeitung von Erfahrungen der Gegenwart auf der anderen Seite. Weil ich annehme, daß es vielen anderen Liebhabern des PRINZIP HOFFNUNG ähnlich ergangen ist, wage ich es, meine Essays zu seinen Werken und Geburtstagen und anderen Anlässen zu veröffentlichen. Sie wollen einführen und zum kritischen Gespräch und zur Verarbeitung seiner Anstöße anregen. Sie sind, wie ich annehme, gemeinverständlich. Speziell theologische Auseinandersetzungen sind hier nicht aufgenommen. Vgl. dazu: »Das Prinzip Hoffnung« und die »Theologie der Hoffnung«, im Anhang zu: Theologie der Hoffnung, München 1965[3]; Die Kategorie Novum in der christlichen Theologie, in: Ernst Bloch zu ehren, Frankfurt 1965, 243–264; Hoffnung ohne Glauben, in: Concilium, 2, 1966, 415–421. Bei erneuter Lektüre und Bearbeitung dieser Essays ist mir deutlich geworden, daß ich die Philosophie Blochs durchgängig als Theorie des Messianismus interpretiert habe. Das ist manchem Leser fremd und einseitig

erschienen. Natürlich spiegelt sich darin auch eigenes Interesse wider. Bei *Gershom Scholem,* Walter Benjamin – die Geschichte einer Freundschaft, Frankfurt 1975, fand ich die Bemerkung Benjamins von 1919, »Bloch arbeite nun an seinem Hauptwerk, einem *System des theoretischen Messianismus* . . .« (102). Sie hat mich in meinem »einseitigen« Interesse an diesem roten Faden auf Blochs verschlungenen Wegen bestätigt.
Die Zukunft ist im Jahr 1975 auf Grund der bedrohlichen Weltlage und noch mehr auf Grund der sich wieder ausbreitenden Apathien und Angstneurosen dunkel geworden. Sie wird nur durch die gemeinsame Besinnung aller Hoffenden, sie seien Juden, Christen, Sozialisten, Humanisten oder Einzelgänger, auf den harten Kern ihrer Hoffnung und durch ihre Bereitschaft zum praktischen Einsatz ihrer Kraft für die Gerechtigkeit wieder hell werden.

Tübingen, 12. November 1975 Jürgen Moltmann

Die Werke von Ernst Bloch werden nach der Suhrkamp-Gesamtausgabe zitiert.

I.

Messianismus und Marxismus

Europa hat die Fähigkeit, Großes zu hoffen, zu wünschen und zu wollen, in einem erschreckenden Maße verloren. Der europäische Geist gleicht einer Landschaft mit ausgebrannten Kratern und einer erstarrten Lavaschicht. Ideologien, Utopien, Hoffnungsbilder und Sinnentwürfe einer zu erobernden Zukunft sind zu Karikaturen geworden. Eine allgemeine Resignation vor der Diktatur der Fakten und der »vollendeten Tatsachen« beherrscht den Lebenspositivismus einer die Dinge nur noch technisch manipulierenden Intelligenz. Helmut Schelsky zitierte für die seelische Lage der »skeptischen Generation« einst die Worte einer amerikanischen Studentin: »Was uns allen, die wir unter dreißig sind, fehlt, ist eine führende Leidenschaft, eine moralische Vision, wenn man es so nennen will. Wir sind unfähig, aus den losen Fäden unserer Erfahrung ein großzügiges Muster zu weben – und wir wissen es.« Das ist nicht nur einer bestimmten Generation aus dem Herzen gesprochen, sondern trifft den Menschen heute auf allen Gebieten seines Wissens, seines Denkens und seines Tuns. Christliche Theologie und Kirche sind von dieser Bewegung nicht ausgenommen. Man ist versucht zu fragen: wo sind die Hoffnungen, die das Evangelium vom Reich erweckt? Wo ist ein theologisches Denken aus dieser Hoffnung, das die Probleme der Weltlichkeit und der Geschichte zu umspannen vermag? Ist nicht die Verkirchlichung der christlichen Hoffnung, sind nicht die Reduktion der Apokalyptik auf den »eschatologischen Augenblick« und die Diffamierung der kosmischen Eschatologie als »Mythos« nur Ausdruck und Rechtfertigung einer christlich-bürgerlichen Individualkultur, die durch existentialistische Entschlossenheit und Situationsethik nur geringfügig und nur subjektiv mobilisiert wird? Es mag darum nicht verwunderlich sein, daß der Philosoph Ernst Bloch, Marxist und Jude, in Westdeutschland soviel Bewunderung und Beifall gefunden und soviel Unruhe und Aufmerken verursacht hat, nachdem der Suhrkamp-Verlag 1959 sein Lebenswerk DAS PRINZIP HOFFNUNG herausbrachte und damit den Aufbau-Verlag in Ost-Berlin zur Veröffentlichung des auch dort als beunruhigend, ja als häretisch aufgefaßten 3. Bandes zwang. Bloch hat verschüttete, unterdrückte und verdrängte Hoffnungen wieder geweckt, dort und hier. Er hat eine Unruhe in den linientreuen Marxismus und in eine westliche Konsumwelt hineingetragen, die man in ihren besten Partien als »messianisch« bezeichnen kann. Sein Prinzip Hoffnung mag als »Prinzip«, dh. als Ideologie aus der Schule Hegels und Marx', konventionell erscheinen, sofern in diesem Gewande aber messianische Leidenschaft verborgen ist, ist es eine Herausforderung an den Osten und den Westen und vornehmlich der Theologie des Judentums und des Christentums[1].

Ernst Bloch wurde 1885 in Ludwigshafen geboren. Er studierte bei Rickert in Würzburg und in Berlin bei Simmel. Lebensphilosophie, Marxismus der 2. Internationale, der Zionismus, Nietzsche und Freud, die Aufbruchsstimmung der Intelligenz in den hochkapitalistischen Gründerjahren vor dem ersten Weltkrieg mit dem Ruf nach dem wahren Leben, der echten Gemeinschaft, der Ganzheit von Wissen und Leben standen ihm Pate. Als entschiedener Pazifist ging er während des ersten Weltkrieges in die Schweiz. Hier fand er das Thema seines Lebens: 1918, und

1. Vgl. unter anderem: J. v. Kempski, Zur Philosophie Ernst Blochs. Hoffnung als Kritik, Neue deutsche Hefte, Jan. 1960, 913–927; I. Frenzel, Philosophie zwischen Traum und Apokalypse, Frankfurter Hefte, Juli 1960, 457–466.

dann 1923 in endgültiger Fassung, erschien sein GEIST DER UTOPIE; eine merkwürdige, kaum noch lesbare Mischung von christlicher Mystik, ostjüdischem Chassidismus und gnostischer Kabbala, vorgetragen im expressionistischen Stil der Zeit. Dem »Geist der Utopie« ist – auf der Linie des jüdischen aktivistischen Messianismus des Sabbortai Zwi, Moses Heß, Ernst Toller, Leo Trotzki u. a. – das »Nicht-Sein-Wollen wie Gott«, das Sich-Abfinden – atheistisch oder religiös – mit dem Leiden der Erde, die zweite, allein wirkliche Erbsünde (355). Die Möglichkeit, das Reich zu erbeten, wird preisgegeben, aber das Ziel bleibt das Reich, wenngleich ein Reich ohne Gott. Das Buch mündet aus in die großen Sätze: »Nur die Bösen bestehen durch ihren Gott, aber die Gerechten – da besteht Gott durch sie, und in ihre Hände ist die Heiligung des Namens, ist Gottes Ernennung selber gegeben, der in uns rührt und treibt, geahntes Tor, dunkelste Frage, überschwängliches Innen: in die Hände unserer gottesbeschwörenden Philosophie und der Wahrheit als Gebet« (365). Blochs »Theologie« – und von einer solchen wird man sprechen müssen – steht im Zeichen des sogenannten Stürmerspruchs Mt 11,12: ». . . von den Tagen Johannes des Täufers bis hierher leidet das Himmelreich Gewalt, und die Gewalt tun, die reißen es an sich.« In einem solchen Titanismus, den »Augenblick«, in welchem die Welt im messianischen Lichte daliegt, von unten her mit »glücklicher Hand« zu erzwingen, gipfelt auch der letzte Teil des PRINZIP HOFFNUNG. Ganz konsequent verarbeitete er darum 1921 den reformatorischen Chiliasmus: Thomas Münzer als Theologe der Revolution. Philosophische Schriften, wie: Freiheit und Ordnung, ein Abriß der Sozialutopien, 1946; Avicenna und die Aristotelische Linke, 1952, und: Subjekt-Objekt, Erläuterungen zu Hegel, 1952, dienten der Erhellung des Materie-, Prozeß- und Geschichtsbegriffs und waren Vorarbeiten zum PRINZIP HOFFNUNG. Nachdrücklich und gesondert muß auf die 1930 erschienenen SPUREN hingewiesen werden, eine unnachahmliche Sammlung von Aphorismen und Erzählungen, die von der großen Kunst Blochs zeugen, den Geist im Banalen und Alltäglichen erzählend bemerkbar zu machen und im hintersinnig Einleuchtenden doch nur das Erzählte gemeint zu haben. Das ist Geist und Kunst von der Art der Geschichte der Chassidim, die Martin Buber wiedergab. Es ist israelitische Erzählkunst und Liebe zur Wahrheit im Zufälligen der Geschichte ohne Vermischung mit griechischer Dialektik und Theorie. Hier wird im Trivialen nach jener Transzendenz gefahndet, welche die Immanenz der Kultur versperrt: »Vor allem, wenn das Schiff mit Musik ankommt; dann verbirgt sich in dem Kitsch (dem nicht kleinbürgerlichen) etwas vom Jubel der (möglichen) Auferstehung aller Toten« (165). Hier wird in Märchen, Berichten und Momentaufnahmen aus dem Straßenleben jener »versprengte Sinn«, der »Funke« dessen, worauf alles hinaus will, gesucht. Der sozial und mystisch entfremdete Mensch hungert nach Selbstbegegnung und Identität. Sie wird ihm nicht in der Theorie und nicht im positiven religiösen Gehalt zuteil, sie kann ihm aber gelingen und zufallen im Zauber des Alltäglichen, »denn der Mensch ist etwas, was erst noch gefunden werden muß« (32)[2].

Es wäre vermessen, wollte man die Fülle der Quellen und Beziehungen angeben, in denen das Prinzip Hoffnung steht. Andeutend aber könnten als solche wohl genannt werden:

1. Der erwähnte jüdische Messianismus und Chassidismus. Urbild der Hoffnung und des Denkens »nach vorne«, an welchem Bloch sich immer wieder orientiert, ist die Passahgeschichte, der Exodus Israels und der Exodusgott[3].

2. »Unter den der Materie eingeborenen Eigenschaften ist die Bewegung die erste und vorzüglichste, nicht nur als mechanische und mathematische Bewegung, sondern mehr noch als Trieb. Lebensgeist, Spannkraft, als Qual – um den Ausdruck Jacob Böhmes zu gebrauchen – der Materie« (K. Marx, Die Frühschriften, ed. S. Landshut, 1953, 330).

3. Über die Spannungsfelder jüdischer Reichserwartung vgl. Schalom

2. Natürlich der Marxismus; aber doch Marxismus, wie ihn Georg Lukács 1923 in seiner Schrift: GESCHICHTE UND KLASSENBEWUSSTSEIN entworfen hat und wie er seit der Veröffentlichung der Jugendschriften von Marx (ab 1932 in Moskau) als real-humanistisches Denken bezeichnet wurde. Blochs Marxismus ist nicht eigentlich linientreue marxistisch-leninistische Philosophie, sondern ein freies Denken in dem von Marx aufgerissenen Raum in bezug auf Anthropologie, Kosmologie und Geschichtsphilosophie; ein Denken, dem die Großen des deutschen Idealismus ständig gewärtig sind. Bezeichnenderweise spricht Bloch von einer »neuen Philosophie, wie sie durch Marx eröffnet wurde« (I, 5).

3. Das Erbe des deutschen Idealismus, wenn man es weit faßt und neben Hegel und Schelling auch Goethe und Baader und selbst abseitige thesophische Momente hinzuzählt.

4. Blochs eigene Jugendzeit, die in die Jahrzehnte der »Bewegungen« fiel: Jugendbewegung und Lebensreform vor dem ersten Weltkrieg, Expressionismus und die merkwürdige Nachblüte des religiös-utopischen Denkens in der linksgerichteten Intelligenz nach ihm.

5. Gewiß würde aber eine Untersuchung der Sprache Blochs viel weiter in seine Hintergründe einführen. Er ist ein Meister der Anfänge. Die genannte Eigenart der Spuren prägt jeden Kapitelanfang im PRINZIP HOFFNUNG, wie jeder Leser dieser Bände zur Erquickung seiner Lektüre bemerken wird.

Ben-Chorin, Die Antwort des Jona, 1956, 107ff; »Das Ziel der Geschichte«. Zur Assimilation des sektiererischen Chiliasmus in dem früheren Revolutionsgeist Rußlands, siehe die ausgezeichnete Untersuchung von E. Sarkisyanz, Rußland und der Messianismus des Orients. Sendungsbewußtsein und politischer Chiliasmus des Ostens, 1955.

1. Anlage, Charakter und Ziel des »Prinzip Hoffnung«

Es kommt darauf an, sagt Bloch im Vorwort, »das Hoffen zu lernen«. »Hoffen, über dem Fürchten gelegen, ist weder passiv wie dieses, noch gar in ein Nichts gesperrt. Der Affekt des Hoffens geht aus sich heraus, macht die Menschen weit, statt sie zu verengen, kann gar nicht genug von dem wissen, was sie inwendig gezielt macht, was ihnen auswendig verbündet sein mag. Die Arbeit dieses Affekts verlangt Menschen, die sich ins Werdende tätig hineinwerfen, zu dem sie selber gehören. Sie erträgt kein Hundeleben, das sich ins Seiende nur passiv geworfen fühlt, in undurchschautes, gar jämmerlich anerkanntes. Die Arbeit gegen die Lebensangst und die Umtriebe der Furcht ist die gegen ihre Urheber, ihre großenteils sehr aufzeigbaren, und sie sucht in der Welt selber, was der Welt hilft; es ist findbar. Wie reich wurde allzeit davon geträumt, vom besseren Leben geträumt, das möglich wäre. Das Leben aller Menschen ist von Tagträumen durchzogen« (1). An diese Hoffnung als an eine »Weltstelle, die bewohnt ist wie das beste Kulturland und unerforscht wie die Antarktis«, Philosophie zu bringen, also eine Hermeneutik der Hoffnung, docta spes, begriffene Hoffnung zu entwickeln, ist Blochs Vorsatz. Er weiß, welcher Welt er damit den Kampf ansagt. Das ist – unter Aufnahme vieler existenzphilosophischer Gedanken, namentlich von Karl Jaspers – die existentialistische Verengung des Menschen auf die anthropologischen Phänomene von »Sorge«, »Angst« und »nackter Entschlossenheit« (Auseinandersetzung mit Heidegger I, 118 ff, 164 ff, und mit der »Angstontologie als Grundbefindlichkeit einer untergehenden Gesellschaft«, 124). Das ist der Bourgeoisrealismus des »Vorhandenheitsphilisters«, der die Dinge nur noch nimmt, wie sie gerade stehen, im bloß betrachtenden, registrierenden Verstande, nicht aber mit einem beteiligten Verstande die Dinge versteht, wie sie gehen, also auch besser gehen können. Dieser Fetischismus der sogenannten Tatsachen wird natürlich in der bürgerlichen Welt- und Lebensanschauung angeprangert, aber doch nicht nur dort, sondern wird auch als eine Gefahr im sozialistischen Lager erkannt (I, 320). Das ist endlich im Großen der breite Strom abendländischen Denkens und einer natürlichen Religiosität, der die Wirklichkeit nicht geschichtlich als Prozeß im Werden, sondern statisch als Gewordenheit, als eine Welt der Wiederholung oder der ewigen Wiederkehr des Gleichen nimmt. Die mythische Denkfigur, gegen die Bloch zu Felde zieht, ist die des Kreises, der ewigen Wiederkehr, in der die konkrete Zeit und die Offenheit der Geschichte nach vorne vernichtet werden. Er findet diese Figur im platonischen Zeitbegriff und in der platonischen Anamnese, aber auch bei Kant und im Ringprinzip von Hegel, Eduard von Hartmann und Nietzsche. Er müßte sie als Grundlage des gesamten griechischen und den Griechen verpflichteten Geschichtsdenkens finden und könnte für sich eigentlich nur die israelitisch-christliche Geschichtserfahrung in Anspruch nehmen. Wie sehr ihm das zum Verhängnis wurde, zeigt die Poelmik der SED-Philosophen gegen seinen »religiösen Eschatologismus« und das erstaunliche Bekenntnis derselben zur »Kreislauftheorie«, womit im übrigen unter dem Vorwande, Bloch zu bekämpfen, nichts Geringeres als die Geschichtsphilosophie von Marx selber zugunsten des bekannten nachmarxistischen Pragmatismus liquidiert wurde[4]. Für Bloch aber wird Philosophie »Gewissen des Morgen, Parteilichkeit für die Zukunft, Wissen der Hoffnung haben, oder sie wird kein Wissen mehr haben« (I, 5). »Die Hoffnung, die an keinem Ende so weit sein will, wie sie am Anfang war, hebt den scharfen Zyklus auf« (I, 22).

4. Ernst Blochs Revision des Marxismus. Kritische Auseinandersetzung marxistischer Wissenschaftler mit der Blochschen Philosophie, Berlin 1957. Zur Entwicklung der SED-Philosophie kritisch R. E. Schulz, Geschichte und teleologisches System bei K. Marx, Festschr. für M. Plessner, 1959, 153ff.

Diese Philosophie am Frontbegriff der Hoffnung ist ihm im Begriffsmaterial vorgegeben durch die großen Prozeßdenker von Aristoteles über Avicenna bis zu Hegel. Sie ist ihm eröffnet durch Marx und Lenin, aber vor beiden steht im Grunde der junge Lukács von 1923. Docta spes ist dialektisch-materialistisch begriffene Hoffnung. Es war der Marxismus, der aus den wilden Utopien und Träumen eine »Wissenschaft« von den Tendenzen und Latenzen des Geschichtsprozesses machte. Immer wieder wird man jedoch feststellen, wie die marxistische Begriffenheit der Geschichte durch Teleologie und Fortschrittsgedanken von Bloch im Zielbegriff derart erweitert wird, daß sie im Grunde messianisch gesprengt erscheint. Und so greift auch die Anlage dieser umfänglichen Phänomenologie der Hoffnungen weit über die bloß ökonomisch-soziale Entfremdung des noch nicht identifizierten Menschen hinaus, möchte das ganze Panorama des menschlichen Wünschens einbringen und auf jene »Heimat der Identität«, wie es am Ende des Buches für das Eschaton der Geschichte heißt, ausrichten.

Das PRINZIP HOFFNUNG beginnt (Teil I: Bericht) mit dem Jahrmarkt der Kleinen Tagträume. Das klingt auch wie in einer Schaubude: »Immer hereinspaziert. Eintritt kostet fast nichts«. »Wir fangen leer an. Vieles schmeckt nach mehr. Täglich ins Blaue hinein. Flucht und Rückkehr des Siegers. Reifere Wünsche und ihre Bilder. Was im Alter zu wünschen übrigbleibt usw.« Teil II: (Das antizipierende Bewußtsein) wird dann anspruchsvoller. Er ist die Grundlegung des ganzen Werks. Ihm geht es um die »Entdeckung und unverwechselbare Notierung des ›Noch-nicht-Bewußten‹«. Das ist eine Definition, mit der Bloch die psychologischen Phänomene des Unterbewußten, des Verdrängten und der sogenannten Archetypen gegen S. Freud und C. G. Jung (den er für einen »faschistisch schäumenden Psychoanalytiker« erklärt) nicht als Vererbung, Aufbewahrung

der Urvergangenheit im Keller des Bewußtseins, überhaupt nicht mehr biologisch, sondern geschichtlich als das heraufdämmernde Neue deutet. Er führt das weiter zu einer umfassenden »Ontologie des Noch-nicht« und zeigt am Materiebegriff die unerhörte Fruchtbarkeit des Prozeßgedankens. Seine Interpretation der 11 Thesen von Marx über Feuerbach bildet in Kap. 19 den Höhepunkt. Teil III will einen Übergang vermitteln. Wieder wird man in die Landschaft der trivialen Hoffnungen geführt, von Auslage, Mode und Schönheitsköniginnen zu Märchen, Reise, Film, Tanz und Schaubühne bis zum Happy-End-Idol, von dem es heißt: »durchschaut und trotzdem verteidigt«.
Es folgen im Teil IV – Konstruktion – die Grundrisse einer besseren Welt, die Sozialutopien vom Schlaraffenland über Platons Staatsutopie bis zur science fiction. Eingeflochten sind die medizinischen Utopien (langes Leben und Lebenskraft), technische Utopien (von Alchimie bis zur nicht-euklidischen Geometrie), geographische Utopien (Eldorado und Eden) bis hin zur Musik und zur Muße, sowie soziale Utopien wie Zionismus und Frauenemanzipation.
Teil V endlich steht im Zeichen der eschatologischen Identität. Wunschbilder des »erfüllten Augenblicks« werden vorangestellt (Don Quichotte, Don Giovanni und Faust). Die Musik erfährt als »beschwörende Theurgie«, als Ruf und Anklingen einer noch nicht vorhandenen, heilen Welt eine tiefsinnige Deutung, und dann endlich wird das Prinzip Hoffnung in das Feuer seiner Bewährung geführt. Schon im GEIST DER UTOPIE war in dem Dreiklang »Karl Marx, der Tod und die Apokalypse« der Kern des Problems aufgeführt worden. Jetzt werden Blochs Hoffnungen mit der Macht der stärksten »Nicht-Utopie«, dem Tode, konfrontiert. Nicht von ungefähr folgt das religionskritische Kapitel: »Wachsender Menscheneinsatz ins religiöse Geheimnis, in Astralmythos, Exodus, Reich, Atheismus und die Utopie des Reiches«. Den Schluß bildet ein Finale über Karl Marx und die Menschlichkeit: »Der Mensch lebt

noch überall in der Vorgeschichte, ja alles und jedes steht noch vor Erschaffung der Welt, als einer rechten. *Die wirkliche Genesis ist nicht am Anfang, sondern am Ende*, und sie beginnt erst anzufangen, wenn Gesellschaft und Dasein radikal werden, das heißt sich an der Wurzel fassen. Die Wurzel der Geschichte aber ist der arbeitende, schaffende, die Gegebenheiten umbildende und überholende Mensch. Hat er sich erfaßt und das Seine ohne Entäußerung und Entfremdung in realer Demokratie begründet, so entsteht in der Welt etwas, das allen in die Kindheit scheint und worin noch niemand war: Heimat« (II, 1628).

Es liegt im Wesen einer Philosophie, deren Grundprinzip Hoffnung heißt, daß sie die Wirklichkeit als Geschichte und die Gegenwart als Frontraum des Neuen erfaßt. »Das Wirkliche ist Prozeß: dieser ist die weitverzweigte Vermittlung zwischen Gegenwart, unerledigter Vergangenheit und vor allem: möglicher Zukunft« (I, 225). Alle Wirklichkeit in der Zeit ist auf ein Ziel hin »angelegt«. Was die Wirklichkeit in ihrem Kern, in ihrem Wesen, in ihrer Totalität überhaupt sei, ist noch nicht heraus, sonst gäbe es keinen Prozeß. Materie muß darum zeitlich-prozeßhaft erfaßt und auf ihre Tendenzen und Latenzen hin interpretiert werden. Nicht das Aussehen der Wirklichkeit in ihrer Gewordenheit interessiert das »beteiligte Denken«, sondern die Aussicht der bewegten, gärenden, utopisch offenen Materie. »Erwartung, Hoffnung, Intention auf noch ungewordene Möglichkeit: das ist nicht nur ein Grundzug des menschlichen Bewußtseins, sondern, konkret berichtigt und erfaßt, eine Grundbestimmung innerhalb der objektiven Wirklichkeit insgesamt« (I, 5). Philosophie der Hoffnung begründet also ein Adventsbewußtsein, und dieses hat sein Korrelat in dem in der werdenden Welt »anhängigen Prozeß« selber. Bloch prägt dafür den Begriff der »Prozeßmaterie«. Sein dialektischer Materialismus bindet die beiden Extreme »Natur« und »Zukunft« zu einem Geschichtsbegriff zusammen. »Ohne Materie ist kein Boden der (realen) Antizipation, ohne (reale) Antizpation kein Horizont der Materie erfaßbar« (I, 273 f). Jede nur mechanisch gefaßte und behandelte Materie ist daher eine gewaltsame Abstraktion von der prozeßhaften Wirklichkeit, eine Entfremdung der Dinge von ihrem eigentlichen Sein. Sie ist dergestalt ein »geschichtsfremder Klotz«. Ein solcher Fetischismus der nackten Tatsachen und bloßen Gesetzmäßigkeiten verfehlt die Wirklichkeit, denn im Verwirklichten ist allemal selber etwas, das sich noch nicht verwirklicht hat, das noch »in Möglichkeit steht«. An dieser Stelle korrigiert Bloch den vulgär-marxistischen Pragmatismus. Statt von erfahrungswissenschaftlich erhebbaren Gesetzmäßigkeiten spricht er von »Tendenzen« und »Latenzen« der Wirklichkeit. Es gibt in der Prozeßmaterie nicht »Dinge«, »Gegenstände« oder »Sachen«, sondern, wie schon G. Lukács 1923 herausstellte, nur »Beziehungen und Prozesse«. An die Stelle der vielgerühmten »Einsicht in die Notwendigkeit« tritt deshalb das Ergreifen der objektiv-realen Möglichkeit im Frontraum der Geschichte als ein realistisches Hoffnungshandeln. An die Stelle eines Gesetzesschematismus, der mit einer in sich abgeschlossenen Wirklichkeit rechnet, tritt die dialektisch-historische »Tendenzwissenschaft« für die durch sie erleuchtete, unabgeschlossene Materie (I, 331). Für diesen Wirklichkeitsbegriff geht Bloch aus von dem aristotelischen Materiebegriff als des »In-Möglichkeit-Seins«. War dieser jedoch rein passiv auf die Form-Entelechie angelegt, so folgt Bloch der Wendung der Renaissance-Aristoteliker vom Theismus zum Pantheismus (Avicenna, Giordano Bruno u. a.): Die Materie selber produziert ihre Formen. Sie ist selber das Prozeß-Agens. Materie ist selbst der fruchtbare Mutterschoß; sie ist im Grunde der sich selbst gebärende und schaffende Gott. Die Geschichte dieser Materie ist der »Gott im Werden«. Bloch interpretiert diese frühidealistischen Gedanken jedoch nicht als einen Naturpantheismus, obgleich in seinen Vorstellungen von einem »Natursubjekt«, das dem Menschen als dem

»Geschichtssubjekt« gegenübersteht und auf die Vermittlung mit diesem angelegt ist, sich früh- und hochidealistisches Erbe (Schelling) geltend macht. Zunächst aber ist für Bloch, wie für Marx, der Mensch der schöpferische Hervorgang der Materie. Materie faßt sich im arbeitenden, kulturschaffenden Menschen zur höchsten Blüte, um sich zu Ende zu bilden. Der »schöpferische Mensch« – dessen Heiliger nach Marx Prometheus heißt – ist das Subjekt der Geschichte als ihr Erzeuger. Der utopisch gärende Mensch ist archimedischer Punkt der Wirklichkeit. Das Metier aller menschlichen Arbeit in Hoffnung und Handlung gilt darum dem »Ans-Ende-Treiben« in dem dialektisch offenen Frontraum der Wirklichkeit. In Hoffnung und Handlung transzendiert der Mensch sich selbst und seiner Gegenwart Gewordenheit ins Zukünftig-Neue hinein. Bloch nimmt an dieser Stelle die heutigen anthropologischen Formeln von der »exzentrischen Position« (Plessner), von der »riskierten Konstitution« des Menschen (Gehlen), von dem »Menschen als einem utopischen Wesen« (Ortega y Gasset), kurz, von der konstitutionellen »Weltoffenheit« des Menschen auf und verbindet diese Bestimmungen aber mit einem offenen Geschichts- und Materiebegriff. Sein pantheistischer Ansatz führt jedoch seinen Transzendenzbegriff in ein »transzendenzloses Transzendieren, welches Prozeß heißt« (I, 241). Dieses Transzendieren wird vollzogen in bezug auf eine zwar »dunkle«, noch ungeborene, aber im Grunde des Seins doch schon »angelegte« und »intendierte« Zukunft. Hier entsteht im Zielbegriff der Prozeßmaterie für Bloch eine gewisse Ambivalenz der Aussagen.

Einerseits ist für ihn das Eschaton der Geschichte Telos eines Prozesses, dessen Tendenzen – nicht »Gesetzmäßigkeiten« – man wissenschaftlich aufhellen und befördern kann. Er nennt dieses Telos, soweit es die menschliche Geschichte betrifft, nach einem Wort von dem jungen Marx: »Das Ziel bleibt die in der sich entwickelnden Materie angelegte Naturalisierung des Menschen, Humanisierung der Natur« (I, 241); »jene Freiheit, jene Heimat der Identität, worin sich weder der Mensch zur Welt noch aber auch die Welt zum Menschen verhalten als zu einem Fremden«. Es ist der »Einklang des unverdinglichten Objekts mit dem manifestierten Subjekt, des unverdinglichten Subjekts mit dem manifestierten Objekt« (I, 277); »Freies Volk auf freiem Grund« (I, 288); »die vergesellschaftete Menschheit im Bunde mit einer ihr vermittelten Natur ist der Umbau der Welt zur Heimat« (I, 334). Diese Bestimmungen fallen zur einen Hälfte kaum aus dem Bereich der Vorstellungen des jungen Marx heraus. Einzig die starke Betonung der Vermittlung mit dem noch verborgenen »Natursubjekt« (»Daß-Grund der Welt«, »Herd der Naturerscheinungen«, I, 771 ff) und die Hoffnung auf die Aufhebung der Menschenentfremdung der Natur – Humanisierung der Natur als Aufhebung ihrer technischen Ausnutzung der Menschen – gehen weiter. Sie entsprechen zwar dem antitechnischen Affekt des jungen Marx genau, liegen aber quer zur »wissenschaftlichen« Fortentwicklung des Marxismus.

Auf der anderen Seite spricht Bloch in dunklen, geheimnisvollen Andeutungen von diesem Ziel aller Geschichte, so daß das Telos aller Tendenzen doch wieder eschatologisch offen erscheint. Er spricht vom »Ende der Geschichte« und von einem »letzten Kapitel von der Geschichte der Welt«. Er weiß von einem Überschuß der Verheißung über jede immanente Erfüllung hinaus. Das Ende ist für ihn das erfüllende »Alles im identifizierenden Sinne . . . das Überhaupt dessen, was die Menschen im Grunde wollen« (I, 368). Es ist das »totum«, das »summum bonum«, das »unum necessarium«, wie Bloch im unvermeidlichen Rückgriff auf die biblische Sprache das Ende, in dem »Gott sein wird alles in allem«, bezeichnet. Es ist verständlich, daß die SED-Philosophen ihn hier mystischer Undeutlichkeit, idealistischer Teleologie und eines religiösen Eschatologismus beschuldigen. Wenn sie aber erklären:

»Wir lehnen sowohl den ›ganzen Sinn von Welt‹ als auch einen Grundsinn der Geschichte ab«[5], so bleibt von der berühmten Leninschen Gleichung: Bolschewismus ist Kommunismus plus Elektrizität, nichts als Elektrizität übrig.

Hier steckt aber in der Tat Blochs theologisches Problem. Er weiß, daß das Nicht-Enden-Können im Enden groß macht, daß das »eschatologische Gewissen durch die Bibel in die Welt kam« (I, 254). Er kennt das Geschichtspathos und die eschatologische Ungeduld derer, die auf den hoffen, der am Ende spricht: »Siehe, ich mache alles neu.« Diese apokalyptische Vollendung in Totalität durch Neuschöpfung, dieses Transzendieren des alten Aion durch Sterben und Neugeborenwerden im Glauben mit den immanenten Geschichtsbewegungen, namentlich mit »marxistischer Tendenzkunde« zusammenzubringen, ist sein Problem. »Wie könnte die Welt vollendet werden, ohne daß diese Welt, wie im christlich-religiösen Vorschein, gesprengt wird und apokalyptisch verschwindet?« (Geist der Utopie, 141; Prinzip Hoffnung I, 248). Kann der in dialektischen Materialismus umgesetzte Chiliasmus (Th. Münzer) die christliche Eschatologie in sich aufheben? – Kann eine »Immanenz ohne sprengenden Sprung« (I, 251) noch als »ungerundete Immanenz« gedacht werden? – Trifft ein Materiebegriff, verstanden als »Erweiterung der Natur, ohne über sie hinauszugehen«, noch die Wirklichkeit als offene Geschichte?

Ein *Geschichtsbegriff ohne Transzendenzbegriff,* eine *Eschatologie der Welt ohne Auferstehung,* ein *Prinzip Hoffnung,* das über ökonomische Planung, Entwicklungs- und Fortschrittsbegriffe, über Tendenzkunde nicht hinausreicht, muß die Offenheit der Wirklichkeit und die Sehn-

5. Ernst Blochs Revision des Marxismus, 70. Dann aber wird die Geschichte zur pragmatischen Sinngebung des Sinnlosen, wenn es heißt: »Wir beschränken den Begriff Sinn auf das bestimmte erreichbare Zwecke und Ziele verfolgende menschliche Tun« (69).

sucht des bedürftigen Menschen verfehlen. Die Geschichte ist, wenn sie wirklich als offenes System und nicht nur als bewegter Zustand verstanden werden soll, nicht denkbar ohne die Erwartung, daß etwas, was nicht ist, ein dieser Wirklichkeit gegenüber Transzendentes, begegnet und hinzukommt. Nur das nötigt dazu, sich selbst und die Welt in Richtung auf dieses zu transzendieren. Mit anderen Worten: ohne den israelitischen Gottesbegriff läßt sich nicht aufnehmen und durchdenken, was an israelitischer Geschichtserfahrung in die Welt gekommen ist. Ohne das Ereignis der Auferstehung Christi und des darin erschlossenen eschatologischen Horizontes aller Wirklichkeit im »Siehe, ich mache alles neu« läßt sich die geschichtliche Leidenschaft im Prinzip Hoffnung nicht vollkommen darstellen. Eine immanentistische Weltanschauung wird der eschatologischen Offenheit alles Wirklichen nicht gerecht. Hier ist Blochs Ansatz weiter als viele seiner Endformeln. Hier sind die Hoffnungen, von denen er ausgeht, größer als die Heimat der Identität, der er sie zuführen will. Hier pflückt er, um mit seinen geliebten Märchen zu sprechen, die Blume vor dem Gipfel. Daß er aber das Problem des eschatologischen Horizontes gesehen und im weiten Panorama menschlicher Erwartungen aufgegriffen hat, daß er in einer einzigartig dastehenden Weise von da aus zu neuen Begriffen für Materie, Geschichte, Anthropologie und Kosmologie gekommen ist, darin übertrifft er die christliche Theologie in ihrem Gespräch mit den Wissenschaften heute bei weitem[6].
Bloch schreibt in seinem Vorwort: »Utopisch Gewolltes leitet sämtliche Freiheitsbewegungen, und auch alle Chri-

6. In der westlichen Welt dürfte dem PRINZIP HOFFNUNG das ihm in vielem nicht unähnliche Werk von E. Rosenstock-Huessy gegenübergestellt werden: Die Europäischen Revolutionen, 1951; Des Christen Zukunft oder Wir überholen die Moderne, 1955; Soziologie I, 1956, II, 1958. Einen sehr viel schmächtigeren Versuch in dieser Richtung unternahm auch G. Marcel, Philosophie der Hoffnung, 1957.

sten kennen es in ihrer Art, mit schlafendem Gewissen oder mit Betroffenheit aus den Exodus- und messianischen Partien der Bibel« (I, 6). Sollte sein PRINZIP HOFFNUNG den Christen zu einer solchen Betroffenheit verhelfen und das theologische Denken an dieser Stelle in eine neue Arbeit versetzen, so wäre das sein größter Gewinn.

2. *Ernst Bloch und die Gretchenfrage*

Es erscheint oft als mißlich, einem Marxisten die Frage, wie er es mit der Religion halte, zu stellen. Bei Bloch aber ergibt sie sich unvermeidlich, da er selber im bolschewistischen Vollzug des Marxismus die Wiederkehr des alten, gotteskämpferischen, taboritischen und joachimitischen Geistes erkennen zu können glaubt (Th. Münzer, 128). Es muß daher auch seine Religionskritik anders lauten als die durch Feuerbach im Vulgärmarxismus übliche. Gilt dort die Religion insgesamt als Illusion und projiziertes Menschenwesen, die abstirbt, wo die Ketten sozialer Entfremdung fallen, so erkennt Bloch durchgehend in den Religionen die positive Bedeutung der utopischen und eschatologischen Hoffnungsgehalte an. Da Wirklichkeitserkenntnis niemals nur auf mechanische Gesetzmäßigkeiten stößt, sondern immer auf das Werdende und Treibende des Geschichtsganzen, trifft wirkliches Erkennen in den Dingen stets auf Symbole und Realchiffren des Zukünftig-Neuen und ist daher grundsätzlich eschatologisch bestimmt. Ist für Bloch die »Utopie das methodische Organ für das Neue« (I, 173), so gehört auch der religiöse Vorgriff auf das Unbedingte des heraufkommenden Horizontes dazu. Zwar steht jede religiöse Eschatologie in der Zweideutigkeit, Vertröstung und Alibi für eine im Stich gelassene Gegenwart zu werden. Wo sie aber zu einem Wollen aus Hoffnung führt, da ist sie echt und fällt nicht unter Illusionsverdacht. »Die großen Menschheits-Religionen waren dem

Willen zur besseren Welt oft seine mißbrauchende Vertröstung, lange aber auch sein geschmücktester Raum, ja sein ganzes Gebäude« (II, 1390).

Bezeichnenderweise beginnt sein Religionskapitel (II, 1392 ff) mit dem Zitat Hebr 11,1. Mit ausgezeichneter theologischer Kenntnis der Entdeckungen aus der Schule der sogenannten »konsequenten Eschatologie« (A. Schweitzer, J. Weiß u. a.) und der Thesen der frühen dialektischen Theologie (Barths Römerbrief, II, 1405) gelangt er zu der These: »Wenn der Satz gilt, ›wo Hoffnung ist, ist Religion‹, dann wirkt das Christentum mit seinem kräftigen Startpunkt und seiner reichen Ketzergeschichte, als wäre hier ein Wesen der Religion endlich hervorgekommen. Nämlich nicht statischer, darin apologetischer Mythos, sondern human-eschatologischer, darin sprengend gesetzter Messianismus. Erst darin lebt – von Illusion, Gotthypostase, gar Herrentabu abgelöst – das in Religion einzig bedeutbare Erbsubstrat: Hoffnung in Totalität zu sein« (II, 1404). Unter dem Thema »Wachsender Menscheneinsatz ins religiöse Geheimnis« entwickelt Bloch dann eine bemerkenswerte Christologie, die bis zur Einheit von Leben und Verkündigung, von Tod, Auferstehung und Frohbotschaft Jesu gelangt. Das sind neue Töne in der sonst auf Feuerbachs kleinbürgerlicher Walze laufenden Religionskritik des Marxismus.

Ziel seiner Kritik am Christentum ist es zu zeigen, daß, konsequent gedacht, im messianischen Reichsgedanken jede Gotthypostase aufhören muß. Stärkste Betonung der messianischen Reichshoffnung muß zur Eliminierung Gottes selbst führen, denn die stärkste Erwartung menschlicher Zukunft ist für ihn das »eritis sicut Deus«, die Gottwerdung des Menschen. »Dasein Gottes, ja Gott überhaupt als eigene Wesenheit ist Aberglaube; Glaube ist einzig der an ein messianisches Reich Gottes – ohne Gott« (II, 1413). Löste sich für Feuerbach Theologie in Anthropologie auf, so setzt Bloch Theologie in atheistische Eschatologie prometheischer Selbsterhöhung um. »Ohne Atheismus hat Messianismus keinen Platz« (III, 1413). Die ganze Kraft des Kommunismus liegt für ihn in der »Kritik des Scheins«, damit »Glaube ohne Lüge« frei werde. Sein Marxismus bringt also nicht die Religion durch Veränderung der Verhältnisse zum Absterben, sondern will als meta-religiöse Reichserwartung ihr Erbe antreten. Daß diese Sicht für die breite Aufnahme des sektiererischen Chiliasmus in den russischen Revolutionsgeist der frühen Zeit zutrifft, hat E. Sarkisyanz überzeugend gezeigt. Bloch scheint nur übersehen zu haben, daß durch Stalin das eingetreten ist, was E. Sarkisyanz unter dem Titel RUSSLANDS CHILIASMUS – SEINE VERBÜRGERLICHUNG UND SELBSTAUFLÖSUNG (Tübingen 1955) behandelt.

Wieder stellt sich die Frage, ob Bloch erfüllt, was er an Erwartungen weckt.

a) Ist seine »begriffene Hoffnung« nicht mehr als ein zur Geschichtsphilosophie wieder geläuterter Marxismus, so gilt von ihm seine eigene bittere Erkenntnis: »Die Kiefer des Todes zermalmen alles, und der Schlund der Verwesung frißt jede Theologie« (III, 1301). Nur der Auferstehungsglaube kommt darüber hinweg, und es mutet wie ein Abfall in billige Vertröstung an, wenn Bloch seinem »roten Helden«, der nicht wie christliche Märtyrer an die Auferstehung glaubt, diese Worte gleichsam mit aufs Schafott mitgibt: »Sie glauben höchstens in der Erinnerung der Mit- und Nachwelt eine Berge zu finden, eingeschreint im Herzen der Arbeiterklasse.« Der »rote Held« hat schon vorher aufgehört, sein Ich wichtig zu nehmen. Er hat Klassenbewußtsein, Solidarität. »Das Eingeschreintsein im Herzen der Arbeiterklasse ist Gedächtnis, aber das historische Gedächtnis muß selber noch eingeschreint werden, um nicht schließlich doch triumphierenden Nihilismus, nämlich aus totaler Mechanistik, am Ende zu haben: nämlich in der endlichen Vermittlung des Menschen mit dem möglichen Subjekt der Natur« (III, 1378 ff). Gegen den Tod ist kein

Kraut gewachsen, am wenigsten das Kraut solcher Selbstauflösung des Menschen in abstrakte Kategorien.

b) Bloch spricht oft vom Homo absconditus, um zu sagen, daß des Menschen Wesen und Identität noch nicht heraus sind. Für ihn richtet sich die Hoffnung darauf, daß der Mensch einmal zum Schöpfer seiner selbst und seiner Welt ohne Entäußerung und Entfremdung werden wird. Er selbst hat jedoch bei Nennung der frühen dialektischen Theologie erklärt: »Nur am Deus absconditus ist das Problem gehalten, was es mit dem Mysterium Homo absconditus auf sich habe« (II, 1406). Auch in seinem chiliastischen Traum von der endlichen Heimat der Identität für den Menschen muß der Mensch am Deus absconditus sich selbst eine offene, unabschließbare Frage bleiben. Die Gottesfrage ist mit seinem paneschatologischen Reichsbegriff noch nicht beantwortet und darum auch nicht die offene Frage nach dem Menschen.

Es stellt sich zum Schluß die Frage: Hat bei Bloch im Prinzip Hoffnung der Messianismus den Marxismus besiegt, oder ist er ihm erlegen? – Er selber hat seine Wurzeln in beiden Bewegungen und hat das Problem so gestellt. Diese Frage bleibt offen, an ihrer Beantwortung aber in den Auseinandersetzungen der Gegenwart wird sich vermutlich das Geschick unserer Zeit entscheiden.

II.

Marxismus und die Menschenrechte

Die Frage nach dem Naturrecht verstummt nicht. Trotz aller Nachweise der historischen Bedingtheit und Relativität alles dessen, was als »Natur«recht auftritt, trotz des Rechtspositivismus jeder denkbaren Spielart in der Neuzeit, bleibt die Frage nach dem »richtigen Recht« und nach dem, was den Menschen mit sich selbst und seinesgleichen »zurecht«bringt, offen und kann nicht unterdrückt werden. Denn es ist der Mensch selbst, der im Recht auf dem Spiel steht. Seine Menschlichkeit kann darin vereitelt, kann darin gewonnen, muß in jedem Fall in der Geschichte des Kampfes um gerechtes Recht errungen werden. Darum bleibt an jedes Rechtssystem die hoffende oder verzweifelte Frage unüberhörbar, was darin den Menschen als Menschen in seiner Würde und seinem »aufrechten Gang« zurecht und was darin die menschliche Gemeinschaft in Mitmenschlichkeit und Solidarität in Ordnung bringt.

Ernst Bloch erkennt als das treibende Motiv, das revolutionäre Salz und die kritische Mahnung aller Kämpfe um das Naturrecht von der Stoa bis zur Aufklärung die eine durchgängige Leidenschaft für die Würde des Menschen als Menschen. Wenngleich es bei den Thesen und Formeln für das Naturrecht vorzugsweise nüchtern dahergeht, handelt es sich bei ihnen im Grunde doch ebenso wie bei den Sozialutopien des Glücks um »Vorbilder von Würde« und um das Recht eines »erst zu erkämpfenden Gerechten« (14), immer also um einen Vorgriff auf eine erst zu erringende Zukunft in der Geschichte und nicht, wie es der Ausdruck »Natur« nahelegt, um eine Flucht aus den offe-

nen Möglichkeiten der Geschichte in eine ewig-bleibende, ursprunghaft-bergende »Mutter Natur« oder um eine Wesensschau des ursprünglichen, heilen, idealen Menschen, durch die man sich von den konkret gegebenen Verhältnissen und den objektiv realen Möglichkeiten der Geschichte dispensiert. Bloch möchte das in den Naturrechtsideen schlummernde prophetische Gerechtigkeitspathos herausholen. Er versteht darum das Naturrecht nicht konservativ, wie es so oft geschieht, wenn man das Althergebrachte und Gewohnte als das »Natürliche« empfindet, weil es das »Selbstverständliche« geworden ist. Für Bloch liegt die Quintessenz der Naturrechtsträume der Menschheit in der geschichtlich-revolutionären Leidenschaft für die noch nicht gelungene Verwirklichung der Menschenwürde. Sie sind für ihn darum vom gleichen revolutionären und messianischen Charakter, von der gleichen realutopischen Absicht geladen wie die Sozialutopien, die auf menschliches Glück zielen, und sind diesen darum innig verschwistert.
In seinem Werk DAS PRINZIP HOFFNUNG ist es Bloch gelungen, in einem weiten geschichtlichen Panorama die Fülle der menschlichen Tagträume, der kleinen und der großen Hoffnungen vom Glück und gelungenen Leben und vornehmlich die die menschliche Gesellschaftsgeschichte treibenden Sozialutopien zu sammeln und auf ein prozeßdialektisches Geschichtsdenken der Hoffnung hinzuführen.

NATURRECHT UND MENSCHLICHE WÜRDE stellt sich dem PRINZIP HOFFNUNG gleichermaßen überraschend, anregend und folgerichtig in der Weiterführung der Grundgedanken zur Seite. Es sind die gleichen Grundgedanken: 1. eine universale, Natur und Geschichte umfassende Ontologie des Noch-nicht-Seins, 2. eine nicht minder universale Eschatologie der Aufhebung menschlicher Selbstentfremdung in einer »Heimat der Identität« und der Aufhebung menschlichen Unrechtleidens in einer »Heimat der Solidarität«. Doch sind sie angewandt auf ein Gebiet, auf dem man einen an Marx geschulten, aber als »nachmarxistisch« zu

bezeichnenden Denker nicht zu erwarten pflegt: auf das Gebiet des Rechtes, der Menschenrechte und der menschlichen Würde.
Blochs Leitidee bringt das oft zitierte Wort von Rosa Luxemburg zum Ausdruck:

> »Keine Demokratie ohne Sozialismus,
> kein Sozialismus ohne Demokratie.«

Er sagt dazu: »Das ist die Formel einer Wechselwirkung, die über die Zukunft entscheidet« (232). Sozialismus ist für ihn das Erbe aus den Sozialutopien von ökonomischer Befreiung und vom Ende der Not. Demokratische Gestaltung menschlicher Würde muß entsprechend das Erbe des Naturrechtes sein, sofern es in diesem um das Zusichselbstkommen, die Selbstbestimmung und die Befreiung des Menschen von aller Untertänigkeit geht. Beide gehören zusammen, denn es gibt so wenig menschliche Würde ohne Ende der Not, wie es menschgemäßes Glück nicht geben kann ohne Ende alter und neuer Untertänigkeit. So ist es die Aufgabe der Gegenwart, Sozialismus und Demokratie wechselseitig aufeinander zu beziehen »bei ökonomischem Prius und humanistischem Primat« (13), wie Bloch vermerkt.
Es ist etwas Bewegendes, daß der Grenzgänger Ernst Bloch – er verließ im August 1961 Leipzig und zog nach Tübingen – gerade dieses mitbringt, worin sich ein freier Sozialismus und eine soziale Demokratie finden könnten, um, wie er sagt, sowohl Kapitalismus als auch Stalinismusdefekte zu überwinden. Bloch sucht nach der Möglichkeit, in welcher sich die dissonierenden Kinder der Aufklärung und des deutschen Idealismus – westliche Menschenrechte und, um es positiv zu sagen, östliche Solidarität – begegnen. Daß es ihm dabei vorzugsweise um einen neu, dh. von der Französischen Revolution her, verstandenen Marx gegenüber dem flachen, östlich praktizierten und westlich nur zu bekannten Vulgärmarxismus geht, braucht nicht zu ver-

wundern. Marx bleibt nach Bloch ein Protest nicht nur gegen ökonomische Ausbeutung, sondern auch gegen unterdrückte Menschenwürde, gerade auch dort, wo solche Unterdrückung im Namen einer an ihn gehängten Ideologie geschieht. Denn es ist nicht nur ökonomisch zu verstehen, wenn Marx die Leidenschaft dafür entfacht, »alle Verhältnisse umzuwerfen, in denen der Mensch ein erniedrigtes, ein geknechtetes, ein verlassenes und ein verächtliches Wesen ist«, sondern auch menschenrechtlich! Bloch schließt darum mit dem Tacitus-Zitat: »Der Beschränktheit derer läßt sich lachen, die glauben, daß durch gegenwärtige Gewalt die Erinnerung künftiger Zeiten ausgetilgt werden könnte.«[1]

Überraschend und nachdenkenswert ist es endlich, wenn sich für Bloch der Knoten von Sozialutopie und Naturrecht an der eschatologischen Sicht der Wirklichkeit aus dem Evangelium Christi schürzt. Durch die Bibel kam das eschatologische Gewissen in die Welt, hieß es im PRINZIP HOFFNUNG. Hier sagt Bloch: »Die Sozialutopien malten Verhältnisse voraus, in denen die Mühseligen und Beladenen aufhören; das Naturrecht konstruierte Verhältnisse, in denen die Erniedrigten und Beleidigten aufhören« (13).

Der Form nach will dieses Buch »ein historischer und vor allem eingedenkender Beitrag« sein zu dem, »was rechtens und doch noch offen ist« (14). »Eingedenk« sein, dh. die unabgegoltenen Verheißungen und Hoffnungen wiederaufnehmen, die in den Naturrechtsideen aufgebrochen sind, dh. das philosophisch klären und weitertreiben, was in ihnen an Überwindung menschlicher Erniedrigung und an Gewinn menschlicher Würde in Fluß geraten ist. Bloch schreibt keine »Geschichte des Naturrechts« im Sinne eines referierenden, antiquarischen Historismus, objektiv und werturteilsfrei. Sein »eingedenkender Beitrag« ist im Gegenteil eine sehr parteiliche, das zukunftsträchtig Er-

1. Tacitus, Annales IV, 35.

scheinende ergreifende und das Verfehlte verurteilende Historie eigener Art. Daraus entsteht eine Fülle historisch verzeichneter, grobianischer und oft banal anmutender Urteile. Daraus entsteht aber auch der immer wieder überraschend treffsichere Griff nach dem Wesentlichen.

1. Naturrecht und Geschichte

Die fundamentale Bedingung für die Möglichkeit naturrechtlichen Denkens überhaupt steht und fällt mit der These einer Übereinstimmung zwischen Recht und Natur, Sollen und Sein, dem Guten und dem Realen, der Vernunft und der Wirklichkeit. Wenn die Sophisten Physis gegen Thesis, Natur gegen menschliche Satzung gesetzt haben, dann nahmen sie den Begriff der Physis im Sinne der ionischen Naturphilosophen für das Dauernde im Wechsel und das Gleichbleibende in der Verschiedenheit der Dinge in Anspruch. Der Humanismus der Stoa, aus dem das abendländische Naturrechtsdenken stammt, wurde getragen von zwei Pfeilern: dem Begriff der allen Menschen gemeinsamen Gedanken und dem Postulat eines Lebens in Übereinstimmung mit der Natur. Die »gemeinsamen Gedanken« machen jedem, der sich ihnen hingibt, das Naturrecht evident. »Ihr ὀρϑὸς λόγος zeigt überall die echte Gerechtsame im Lot« (27). Doch spricht sich dieser Logos nur dadurch aus, daß die vernünftige Natur des Menschen mit der Sache der Natur in Übereinstimmung steht und dauernd darin gehalten wird. In Übereinstimmung mit der Natur zu leben, heißt im Recht zu leben nach den inneren, logischen Gesetzen der Allnatur. Höchstes Kriterium des wahren Lebens und des rechten Rechtes ist dann etwas Kosmomorphes, nämlich die Teilnahme an der Weltvernunft.

Wird aber diese ideale Übereinstimmung zwischen menschlichem Recht und den ewig-waltenden, kosmischen

Ordnungen der Erfahrung der Geschichte, des Kontingenten (»Alles im Prozeß fließend, nichts bleibend«, Dilthey) und des unverrechenbaren Neuen, das sich ereignet, gerecht? – Wechselt das als »Natur«recht Ausgegebene nicht mit der Geschichte ständig seine Inhalte? Entsteht der Ruf nach einem »Natur«recht nicht immer gerade in den Krisenzeiten der Geschichte, wenn Neues aufbricht, das aus der Tradition nicht mehr bewältigt werden kann? Nur weil die Wirklichkeit des Menschen nicht als »Natur«, sondern als »Geschichte« erfahren wird, darum wird das Naturrecht ein Problem und eine Aufgabe für den Menschen, der im Fluß des Vergänglichen nach dem Bleibenden suchen muß, wenn er bestehen will, der nach dem Zukünftigen fragen muß, wenn er das Gegenwärtige bewältigen soll.
Der Marxismus ist demgegenüber eine bestimmte, revolutionäre Gestalt des modernen Geschichtsbewußtseins. Einen Vorrang der Natur vor der Geschichte gibt es nach Marx nicht. Die Wissenschaft von der Geschichte ist für Marx vielmehr die einzig wahre Wissenschaft, weil sie alles, was den Menschen angeht, umfaßt. Aber was heißt bei ihm »Geschichte«? Er spricht von einer »Entwicklungsgeschichte« des Menschen zum unentfremdeten Menschsein und nennt als ihr Ziel »die vollendete Wesenseinheit des Menschen mit der Natur, die wahre Resurrektion der Natur, den durchgeführten Humanismus der Natur« (Frühschriften, ed. Landshut, 237). Erst daraufhin kann Marx sagen: »Die Naturwissenschaft wird später ebensowohl die Wissenschaft vom Menschen wie die Wissenschaft vom Menschen die Naturwissenschaft unter sich subsumieren: es wird eine Wissenschaft sein« (245), um dann im folgenden gegen den abstrakten Naturbegriff des aufklärerischen Materialismus seinen geschichtlich-dialektischen Naturbegriff zu setzen (330 ff).
Gibt es vom »historisch-dialektischen Materialismus« her einen Zugang zum traditionellen Naturrecht? Ergibt sich eine Möglichkeit, wenigstens innere Tendenzen des abend-

ländischen Naturrechtdenkens marxistisch aufzugreifen und zu beerben? Wie müßte der herkömmliche kosmologische Naturbegriff umgeprägt werden, so daß er die Geschichtlichkeit der Wirklichkeit umfaßt und dennoch die fundamentale Möglichkeit der »Übereinstimmung« von Menschenrecht und Wirklichkeit bewahrt wird, an der naturrechtliches Denken und eine Überwindung des Rechtspositivismus und Rechtsanarchismus überhaupt hängen? – Hier steckt philosophisch das Problem zwischen geschichtsfeindlichem Naturrecht und naturrechtsfeindlichem historischem Rechtspositivismus oder zwischen zukunftsverschlossenem Beharren auf traditionellen Menschenrechten und menschenrechtsfeindlichem, nur noch ökonomischem Fortschrittsglauben, zwischen westlicher Demokratie und östlichem Sozialismus.

Blochs eigene Gedanken zur Lösung dieses Dilemmas werden systematisch erst ab Kapitel 17 im Anschluß an Hegel, die Trikolore der Französischen Revolution (Freiheit, Gleichheit, Brüderlichkeit) und Karl Marx entfaltet.

Bei Hegel findet Bloch eine Zwiespältigkeit zwischen einem »Denken des dialektisch-fortlaufenden Weltprozesses« in der »Logik« und der »Phänomenologie des Geistes« auf der einen und der so reaktionär anmutenden Rechtfertigung der gegebenen Wirklichkeit des preußischen Staates in der »Rechtsphilosophie« auf der anderen Seite. »Obwohl seine Vernunft nur dem Sein im Werden konform sein will, verfiel sie in der Rechtsphilosophie je länger je mehr dem festen Wirklichsein von heutzutage« (142). Jene »Konformität« und Übereinstimmung von Vernunft und Sein-im-Werden heißt in der »Rechtsphilosophie«: »Was vernünftig ist, ist wirklich; und was wirklich ist, das ist vernünftig.« Dieser Satz ist janusgesichtig, denn der erste Teil klingt ebenso revolutionär wie der zweite Teil reaktionär. Was aber heißt für Hegel »Wirklichkeit«? – Aus Hegels Geschichtsphilosophie und seiner »Logik« erhebt Bloch verschieden bewertete Gradstufen des Seins, wobei der »Wirklichkeit« die höchste und reifste Bestimmtheit der Welt zufällt: Sein – Erscheinung – Existenz – Wirklichkeit. »Wirklichkeit« bedeutet dann jenes Letzte, darin das Innere das Äußere oder das Wesen mit seiner Erscheinung eins geworden ist, bedeutet also etwas anderes als empirische Gegebenheit. Die Behauptung, alles Wirkliche sei vernünftig, meint darum nicht »ohne weiteres« die Anerkennung des Gegebenen für sich, sondern meint die Erkenntnis und Annahme des Gegebenen inklusive des Weiteren, nämlich dessen, was in dem Gegebenen an Tendenz und Intention auf »Wirklichkeit« steckt. Es meint den »Einklang« der Vernunft mit der Tendenz im Gegebenen auf Wirklichkeit hin, in der zukünftig die Einheit des Wesens und der Existenz liegen kann. »Die Dialektik der Geschichte, . . . dieser wahre Krieg in Hegels ›Frieden der Vernunft mit der Wirklichkeit‹, hat das Vernunftrecht aus der Abstraktion herausgenommen und schließlich in möglichen Einklang mit der Tendenzwirklichkeit bringen lassen« (151). Hier deutet sich Blochs Lösung des Problems von »Naturrecht und Geschichte« an:

Natur wird nicht mehr statisch als ewiger Ordnungskosmos, nicht mehr als Abstraktion aus der Geschichte und nicht mehr als Kontrast gegen den vergänglichen Fluß der Zeit verstanden, sondern als »Tendenzwirklichkeit«, als im Prozeß begriffene Materie.

Vernunft wird nicht mehr als Teilnahme an der Weltvernunft auf dem Wege der Abstraktion vom Geschehenen begriffen, sondern als Begreifen des Real-Möglichen, der Tendenzen und Latenzen des drängenden Geschehens selber.

Die so angesprochene Wirklichkeit und die so verstandene Vernunft aber können nur in einen dialektisch vermittelten »Einklang« gebracht werden.

Bloch hält die Natur als Gegenbegriff oder Kontrastkategorie zur Geschichte für die eigentliche Illusion im herkömmlichen Naturrecht. »Es gibt kein fixes Gattungswesen

Mensch mit statischen Eigenschaften, auf die ein Naturrecht zu gründen wäre. Die gesamte Geschichte zeigt vielmehr eine fortgesetzte Umwandlung der menschlichen Natur« (219). »Dem Marxismus gilt das Humanum als historisches Ziel, nicht als apriorisches Deduktionsprinzip; es ist das utopisch Unvorhandene und Geahnte, nicht das ahistorisch Zugrundeliegende und Erzgewisse.« Unhaltbar erscheint ihm darum jede Flucht aus der Geschichte in eine konstante, ewig-bleibende *natura hominis,* unhaltbar auch das kosmologische Korrelat dazu, die »Vergötzung einer angeblich unwandelbaren und normativen Gesamtnatur« (219). Sein »historischer Materialismus« braucht keine derartige Kontrastideologie zur Geschichte, denn »er glaubt an die Geschichte, wenn sie richtig geleitet wird« (221). Wird von Bloch derart der starre Dualismus zwischen Naturrecht und Geschichte gestürzt, der sich etwa im scholastischen Naturrecht in den Übergangs- und Vermittlungsstufen zwischen dem primären und dem sekundären Naturrecht zeigt, so bleibt dennoch der Analogiegedanke erhalten in Gestalt einer *analogia historiae* als »Einverständnis mit der sich entwickelnden Geschichte«, als »Konkordanz der dialektischen Vernunft mit der heraufkommenden Wirklichkeit« (222).

Die normativen Grundsätze des Naturrechtes erscheinen dann nicht mehr als Ideale, die »von oben« an die Geschichte herangetragen werden, sondern werden als »Gerechtigkeitstendenzen« aus den dialektischen Vermittlungen der Geschichte selber konkret-utopisch herausgehört. Das ist für Bloch das Erbe Hegels, daß so »Theorie und Geschichte dialektisch relativ zueinander gemacht und damit in dialektisch wechselseitiger Durchdringung erfaßt werden« (225). Darin liegt für ihn aber auch das Erbe von Karl Marx, daß diese dialektische Vermittlung auf die Füße gestellt wird: »Das Ideal wird hier durch die Tendenz, nicht durch die Abstraktion einer Theorie gesetzt und durch die Praxis der Tendenz immer tiefer in immer tiefer erreichten

Wirklichkeitsschichten berichtigt.« Was daher als naturrechtliches Ideal bisher gegen die Geschichte behauptet wurde, muß nun nachweisbar »im gesellschaftlichen Gang seine Tendenz und seine Möglichkeit haben« (226). Denn »der Kommunismus ist für uns nicht ein Zustand, der hergestellt werden soll, ein Ideal, wonach die Wirklichkeit sich zu richten habe. Wir nennen Kommunismus die wirkliche Bewegung, welche den jetzigen Zustand aufhebt« (Marx in der »Deutschen Ideologie«).

Was aber kann dann dieser marxistische »Glaube an die Geschichte« aus der Tradition des abendländischen Naturrechts erben? Wenn auch der geschichtsflüchtige Naturbegriff auf der Strecke dieses Historismus bleibt, so kann doch aufgegriffen werden, was in jenem Naturrecht an »revolutionärem Salz, kritischer Mahnung und Ingredienz zu wahrem, erscheinendem Wesen« angelegt war, nämlich die unvergeßliche Anmeldung der mündigen menschlichen Würde, der Vor-schein auf eine »menschliche Emanzipation des Menschen«, die »Orthopädie des aufrechten menschlichen Ganges«, wie Bloch es bildlich nennt, die »Aufhebung aller Verhältnisse, in denen der Mensch mit den Dingen zur Ware entfremdet ist, und nicht nur zur Ware, sondern zur Nullität an Eigenwert« (232).

Für Bloch wandelt sich somit das Naturrecht in eine Eschatologie der Geschichte, die aus dem Prozeßgeschehen der Geschichte selber erkannt und als Erkannte in das Prozeßgeschehen revolutionär hineinpraktiziert werden muß. An die Stelle des Ewig-Bleibenden tritt ein Zukünftig-Gezieltes. Die historische Krise, aus der diese Geschichtsphilosophie stammt, ist die Französische Revolution und ihre Fortsetzung in der sozialistischen Revolution. Das letzte Ziel ist daher abgesteckt durch die Trikolore von Freiheit, Gleichheit und Brüderlichkeit und durch eine universale »Naturalisierung des Menschen und Humanisierung der Natur« (Marx).

Kern der intendierten *Freiheit* ist für Bloch das unentfremdete Humanum. Die Möglichkeit zur Freiheit liegt darin, daß die Welt noch offen, noch nicht zu Ende determiniert ist. »Noch ungeschlossene Möglichkeit macht Freiheit in der Welt selbst möglich«, nämlich Freiheit als den Modus menschlichen Verhaltens gegenüber objektiv-realer Möglichkeit.

Die *Gleichheit* interpretiert Bloch gegen Vermassung und Nivellierung nach dem Gleichnis Christi vom Weinstock und den Reben als Ausdruck des Reichtums menschlichen Wesens, als »unbeschränkte Polyphonie eines Unisono« (192).

Die *Brüderlichkeit* endlich soll anzeigen, daß der Nebenmensch nicht als Schranke der Freiheit, sondern als deren Verwirklichung und Kommunikation leben kann. Der Gedanke der Brüderlichkeit ist aus christlichen Quellen in die Französische Revolution gekommen.

Die Tendenz dieser Trikolore faßt Bloch in der Idee einer endgültigen »menschlichen Emanzipation des Menschen« zusammen, deren Vollendung sich findet in dem »radikalen, subjektiven Naturrecht: ›Jeder nach seinen Fähigkeiten, jeder nach seinen Bedürfnissen‹«, und deren radikales, objektives Naturrecht als »Solidarität« zu beschreiben wäre (269): »Radikales Naturrecht setzt menschliche Freiheit in möglich gewordener Solidarität« (276). Dann wird der Staat zusammen mit staatlichen Rechten und Strafen »absterben«, die Menschheit wird in »klassenloser Gesellschaft« in die Lichtung menschlicher Identität treten. Die Unruhe, die damit in die Geschichte getreten ist, daß sich das Prinzip Freiheit (Hegel) erhoben hat, wird darin zur Ruhe der Erfüllung kommen.

2. Die Kirche in der klassenlosen Gesellschaft, oder: »Der verstaatlichte Gott und das Recht auf Gemeinde«

Die Möglichkeit des traditionellen Naturrechtes hing an der *analogia entis* zwischen Recht und Sein. Die Möglichkeit, auch noch im marxistischen »Glauben an die Geschichte« naturrechtlich zu denken, hängt auch bei Bloch daran, daß es eine Analogie zwischen Rechtsentwurf und der auf eine bestimmte Zukunft hin offenen Tendenzwirklichkeit der Geschichte gibt. Das Real-Uotpische der dialektischen Vernunft kann nur auf solche Inhalte aus sein, die real-objektiv im historischen Prozeß angelegt sind. Diese überraschende Umdeutung der *analogia entis* zur *analogia historiae,* ist, wie W. D. Marsch mit Recht bemerkt hat, die Grundlage, auf der das ganze Gebäude des PRINZIP HOFFNUNG ruht, also das Fundament der Prozeßphilosophie von Ernst Bloch[2].

Auch für eine an der Bibel orientierte evangelische Theologie werden die traditionellen naturrechtlichen Thesen problematisch. »Das Alte Testament kennt kein anderes Recht, das dem Wesen des Menschen entsprechend ist, als das, das dem Menschen zuteil wird, wo das Gottsein Gottes das Menschsein des Menschen fordert, begründet und ermöglicht«[3]. Das aber heißt, es kennt kein anderes Recht als das, das sich aus der Bundesgerechtigkeit Gottes herleiten läßt, es kennt keine andere Wesenserschlossenheit des Menschen als die, die sich aus der Bundespartnerschaft oder der Bestimmung des Menschen zu ihr herleiten läßt. Das Menschenrecht wird hier geschichtlich in bestimmten Ereignissen gegründet, und seine Universalität stellt sich ein in dem eschatologischen Horizont, den das Ereignis des Bundesgeschehens eröffnet. Eine Analogie zu den ewigen Ordnungen des Seins oder zu den Entwicklungstendenzen der Geschichte, mit denen Rechtsgrundsätze gerechtfertigt werden – etsi deus non daretur, wie es bei Hugo Grotius heißt –, läßt sich nicht herstellen. Sie würde in der herkömmlichen und in der Blochschen Gestalt sowohl die souveräne Freiheit Gottes festlegen, als auch den Blick

2. W.-D. Marsch, Eritis sicut deus, Kerygma und Dogma, 1961, Heft 3.
3. F. Horst, Naturrecht und Altes Testament, in: Gottes Recht (ThB 12), 1961, 245.

dafür versperren, daß wirklich Neues in die Geschichte tritt. Die starre und wohl auch von Bloch noch zu wenig reflektierte Analogie macht es auch für seine Geschichtsphilosophie unmöglich, das kontingent sich Ereignende, das Neue, wirklich wahrzunehmen. Blochs Geschichtsbegriff hat stets die Tendenz, in einen pantheistischen Geschichtskosmos zurückzufallen, der dann nur noch durch gesellschaftliche Tendenzkunde seiner inneren Bewegungen bewältigt werden kann. Der fehlende Transzendenzbegriff läßt das »transzendenzlose Transzendieren«, von dem Bloch für die geschichtliche Bewegung und den Aufbruch in der Kategorie »Novum« spricht, stets an der Grenze der Immanenz kleben. Dann aber wird die »klassenlose Gesellschaft«, jene Identität, auf die die Tendenz der Geschichte zielt, eine in sich »geschlossene Gesellschaft« mit allen Phänomenen, die J. P. Sartre für eine solche angab. Blochs Heimat der Identität und Solidarität vermag vielleicht in sich abzurunden, was als Unruhe mit dem Prinzip der Freiheit seit 1789 in die Welt kam, vermag aber nicht abzurunden, was als Unruhe, Verheißung und Hoffnung durch die Bibel, dh. durch Israel und die Christenheit in die Welt kam.

Bloch selber empfindet offensichtlich zunehmend stärker ein noch unerfaßtes Unbehagen an der Welt des »fröhlichen Roboter«, wie sie mit einer rein ökonomisch bewältigten »klassenlosen Gesellschaft« heraufdämmern könnte, in der laut Friedrich Engels »an die Stelle der Regierung über Personen die Verwaltung von Sachen und die Leitung von Produktionsprozessen« treten wird (»Anti-Dühring«). Er muß sich fragen, ob die in sozialistischer Ökonomie erreichte »Verschlossenheit des Daseins« das Letzte sein kann. Er muß sich fragen, ob jene auf bloße Verwaltung gemeinsamer Sachen reduzierte Öffentlichkeit der intendierten Solidarität der Personen gerecht werden kann. Und in diesem Zusammenhang gewinnt für ihn die Kirche – trotz Scheiterhaufen, verstaatlichtem Gott, Verdummung,

Weißgardismus und dergleichen berechtigter oder übertriebener Vorwürfe mehr – eine erstaunliche Würde des Vertrauens.

»Moral, Kunst, Wissenschaft, Philosophie, sicher auch Humanismus der Religion werden aus dem ideologischen Überbau, den sie in der Klassengesellschaft bewohnen, vortrefflich in die vom Schein befreite Wirklichkeit umziehen. Jurisprudenz jedoch geht zum größten Teil hierbei ein« (210). Wie sieht dieser Umzug aus? Die politische Macht der Kirche vergeht mit der Klassengesellschaft. Doch ist es für Bloch denkbar, daß eine künftige Weltleitung gut dem Bedürfnis angepaßter Produktionsvorgänge eine »zentrierte Ratgebung« sowie die »Verwaltung des Sinns« übrigläßt und deren bedarf. »Etwas, was die Gemüter ordnet und die Geister lehrt, um immer wieder wie Kirche in Bereitung und Richtung zu leben« (310). Die klassenlose Gesellschaft setzt die allgemeine »ökonomisch-politische Situationslosigkeit und Schicksalslosigkeit, doch deshalb treten die Unwürden der Existenz desto fühlbarer hervor, von dem Kiefer des Todes bis zu den Lebensebben der Langeweile, des Überdrusses. Die Boten des Nichts tragen dann ein neues Gesicht.« – »Die wirklich metaphysische Frage hält länger an als die mythologisch-transzendenten Antworten der Herrenkirchen. Sie vergeht mit ihnen nicht, sondern lebt suo genere in den Abenteuern und Dunkelheiten der unverfälschten Immanenz, nämlich gerade an deren objektiv-realen Dunkelheiten.« Darum wird »auf Grund des sozial schwer stillbaren metaphysischen Bedürfnisses Kirchenhaftes nach abgeschaffter Klassengesellschaft nicht in gleichem Umfange wurzellos werden wie der Staat« (310).

3. *»Machtfreie Lehrmacht des Gewissens«*

Bloch denkt sich die Kirche in der klassenlosen Gesellschaft als eine »machtfreie Lehrmacht des Gewissens, ums

Wohin und Wozu auf der Wacht«, als ein »Kirchenschiff ohne Aberglauben und auf Fahrt«.
Ihre »Religion« wird nicht mehr eine »Rückverbindung mit Herrschaft und ihren Mythologien« sein, sondern »Rückverbindung eines ganzen Traumes nach vorwärts mit unserem bedürftigen Stückwerk« (312). Denn »zur Ökonomie, damit sie nicht nur in den Tag hinein, sondern über den Tag hinaus lebe, gehört eine Einrichtung, die mehr ist als Verwalten von Sachen, die es mit der Freundlichkeit, der tiefdringenden, der Brüderlichkeit, der schwierigen, sehr ernst nimmt« (314).
Wie schon im PRINZIP HOFFNUNG, so zeigt sich auch in NATURRECHT UND MENSCHLICHE WÜRDE, daß die Hoffnungen, deren Bloch im Grunde eingedenk ist, viel größer sind als der historische Materialismus mit seinen sozialen Bewegungen und Zielpunkten, denen er sie philosphisch zuführen will. Sie sind weit größer als der Vulgärmarxismus, der sich auf ökonomische Lösungen der Negativa des Daseins beschränkt. Das hat Bloch immer wieder an dem jungen Marx und dessen Erbe aus Hegel und der Französischen Revolution gezeigt. Diese Hoffnungen sind aber auch größer als Blochs eigene Prozeßphilosophie und werden in der weiteren Entwicklung seines Denkens vermutlich noch überraschende Wirkungen zeitigen. Wie muß menschliche Würde aussehen, wenn menschliche Existenz nicht nur von sozialer Not (die »Mühseligen und Beladenen«) und nicht nur von fremder Herrschaft (die »Erniedrigten und Beleidigten«), sondern zuletzt auch von dem »Kiefer des Todes« und noch ganz anderen »Boten des Nichts« in Unwürden gehalten wird? Worin müßte ein Leben seine »Wirklichkeit« finden, das nicht in alten und neuen Lebensebben der Langeweile verrinnt? Soziale Entwicklung und eine nicht mehr im herkömmlichen Sinne staatliche, sondern gesellschaftliche Kommunität von Menschen läßt sich vielleicht noch aus den Tendenzen einer mit der Französischen Revolution und mit der industriellen Revolution aufgebroche-

nen Geschichtsepoche heraushören, obwohl sich auch hier die Prozesse, die von Menschen freigesetzt wurden, oft anders bewegen als geplant und erhofft. Eine Zukunft aber, die auch den Todesrachen und seine Boten des Nichts überholt, läßt sich daraus nicht mehr herleiten und nicht mehr erwarten. Eine solche müßte sich auf ein Ereignis gründen, das als »Auferstehung« angesprochen werden kann, und müßte sich in ihren Erwartungen mit nichts Geringerem zufriedengeben können als mit einem »neuen Sein«, das den Tod in den Sieg verschlingt. Ein derartiges »neues Sein« aber könnte sich nicht aus den immanenten Tendenzen des alten Seins heraus entwickeln, sondern könnte nur als *creatio ex nihilo* erhofft werden, die auch das nihil und seine Boten überwindet.

Dann aber fiele das Fundament des alten und des Blochschen Naturrechtes, nämlich jene Analogie, Übereinstimmung, Konkordanz und Harmonie zwischen Menschenrecht und Kosmos oder sich entwicklender Geschichte, in das unverdeckte Noch-Nicht: »Es ist noch nicht erschienen, was wir sein werden, wenn es aber erscheinen wird, so werden wir ihm gleich sein« (1Joh 3,3). Wenn wahre Menschenwürde in der Auferstehung vom Tode und dem neuen Leben seine »Wirklichkeit« findet, wenn zu den »Mühseligen und Beladenen« und zu den »Erniedrigten und Beleidigten« auch die »vom Tode Verschlungenen« treten, dann liegt der Quellort für die volle Wahrnehmung von Menschenrecht und Menschenwürde in dieser Zeit in dem Geschehen, das der Auferstehung vom Tode hier allein »entspricht«, »analog«, »konform« und »konkordant« ist, nämlich in der Rechtfertigung des Gottlosen und in der Wiedergeburt des Hoffnungslosen zu einer lebendigen Hoffnung.

Dann werden jene die Menschenwürde anweisenden Menschenrechte sich nach jener Freiheit und jenem Recht ausrichten, deren der Mensch in Christus ge-würdigt wird. Innerhalb der evangelischen Theologie hat Karl Barth diesen Zusammenhang in »Rechtfertigung und Recht« 1938 beschrieben und Ernst Wolf ihn als »Christusrecht« bezeichnet[4]. Allerdings wäre es an der Zeit, das Christusrecht der Rechtfertigung des Gottlosen endlich konkreter zu entfalten zu Wegen, auf denen die »Mühseligen und Beladenen« satt werden und die »Erniedrigten und Beleidigten« zu ihrem Recht und die dem Tode Verfallenen zur begründeten Hoffnung der Auferstehung und des Lebens gelangen können. Das ergäbe keine vorzeitige Konkordanz zur gegebenen Wirklichkeit, sondern würde im Kontrast zum Negativen bleiben als »Hoffnung wider Hoffnung« bis in jene Zukunft hinein, wo alles Negative durch das Positive verschlungen wird. Alle Harmonien zwischen Naturrecht und Kosmos wie auch zwischen Rechtsvernunft und Entwicklungsgeschichte haben die fatale Tendenz, umzuschlagen zum Fatalismus, dh. zu einer Verschlossenheit des Daseins gegenüber Transzendenz und Zukunft. Die natur- und geschichtsrechtlichen Analogien können nur als ständig zu überholendes Stückwerk ihre Zeit in der über sie hinausgreifenden Verheißungsgeschichte haben. Wenn Bloch sagt, der recht verstandene Marxismus habe an dem positiven Recht lediglich ein »Übergangsinteresse« – rebus sic fluentibus –, so könnte man entgegnen, daß die messianische Rechtshoffnung an den immer wieder aufgestellten und stabilisierten Analogien und Harmonien des Naturrechtes ihrerseits lediglich ein »Übergangsinteresse« habe, sofern alle diese Konkordanzen jenes eschatologische Recht für den Menschen, für seine Würde, seine Freiheit und seine Erhöhung nicht zu assimilieren vermögen, jedoch, an ihm orientiert, gewisse Wegstrecken in der Geschichte und eine vor-läufige Humanität prägen können.

4. E. Wolf, Naturrecht oder Christusrecht? (Zeitbuchreihe unterwegs 2), 1960.

III.

Hat die Schlange doch recht?

1. Die geistigen Monopole zerfallen

Die Fronten verkehren sich. Seit einiger Zeit liegt es offen am Tage, daß der Marxismus sein Erstgeburtsrecht auf »Revolution« einbüßt, obgleich seine Theorien die wesentlichen Beiträge dazu auch weiterhin bleiben werden. So kommt es, daß sich neben anderen auch Theologen des verlassenen Kindes »Revolution« annehmen und auf christlichen Studentenkonferenzen Karl Marx eher als Luther oder Franz von Assisi zum Apostel antiautoritärer Kirchenremform gemacht wird.

Auf der anderen Seite verlieren die verfaßten Kirchen das Monopol auf Christentum. Auch andere lesen die Bibel, und sie lesen sie anders als die kirchlichen Traditionen. Bertolt Brecht antwortete auf die Frage nach seiner liebsten Lektüre nicht ohne Hintersinn: »Sie werden lachen, die Bibel.« Das begann schon nach dem ersten Weltkrieg mit dem »Geist der Utopie« und »Thomas Münzer als Theologe der Revolution« von Ernst Bloch. Wir finden es heute wieder bei Kolakowski im »Himmelsschlüssel« und bei Gardavsky: »Gott ist nicht ganz tot«.

Nach dem Werk von Ernst Bloch: *Atheismus im Christentum*, das an Sprachgewalt, listiger Ironie und funkelnder Phantasie seinen früheren Werken in nichts nachsteht, erhebt sich der »Atheismus« mitten im Christentum. Aus den biblischen Quellen selbst sprudelt der Gegenstrom. Die Bibel wird wider den Strich gebürstet. Sie wird von unten, nicht mehr von oben gelesen. Die Geschichten Gottes mit sündigen Menschen verschwinden, und es treten die Geschichten der murrenden, hadernden und aufsässigen Menschen mit ihrem launischen Gott zum Vorschein. So wird die Bibel zu einem subversiven, revolutionären Buch, das sich mit kirchlicher Autorität und staatschristlicher Macht nicht mehr verträgt. Als *Biblia pauperum* gelesen, offenbart sie ein neues, unerschöpftes Potential an rebellischer Hoffnung auf den Menschensohn und das »aufgedeckte Angesicht« der hier bis zur Unkenntlichkeit erniedrigten Menschen. Nach der Abdankung des »Droben«, der irdischen wie himmlischen Throne, zieht jetzt das »Vorwärts« aus »bürgerlichem Establishment« und »halbzaristischem Sozialismus« heraus zu jenem utopischen Reich, von dem Augustin sagte: »Dies septimus nos ipsi erimus« (»Der siebente Tag werden wir selbst sein«), das Bloch biblisch als »unser aufgedecktes Angesicht« namhaft macht und philosophisch mit »unserem Identisch-Werden« beerben möchte.

Mit reichem Wissen um absonderliche Gedanken, mit Lust am skurrilen Schein, aber auch als Zeitgenosse dahingegangener Theologen-Generationen aus den letzten siebzig Jahren, versucht Bloch sich hier als »roter Bibeldetektiv«. Er spürt die mehrdeutige Sklavensprache in den von Priestern redigierten Texten wieder auf, findet unter den Trostworten von oben das ursprüngliche Seufzen und Murren von unten und in den religiösen Ideologien der Herrscher die Wunschmysterien der Beherrschten.

Nun sind zwar nicht alle biblischen Geschichten nach dem Muster der »Geschichte der KPdSU(B)« verschrieben worden, und nicht immer gibt das historische Material die Alternative »Krieg den Palästen – Friede den Hütten« her, ja zuweilen wirkt dieser Schlüssel bei Bloch wie eine gewaltsame Kneifzange. Nachdem aber die Theokratisierung der Bibel an Hiob und am Gekreuzigten so lange vorüberging und durch Gewohnheit nicht wahrer wurde, ist Blochs

»Enttheokratisierung der Bibel« für Christen und Atheisten mindestens ein Weg zu vielen Überraschungen.
Nachdem Ludwig Feuerbach die religiöse Aufklärung im subjektiven Bewußtsein betrieben hatte, beginnt Bloch mit der fälligen metareligiösen Aufklärung im Objekt selbst. Sie macht es weder trivial noch hintergrundlos. Mit Hilfe marxistischer Methoden stößt er auf metaphysische Fragen, die den Marxismus selber überholen, ihn zur bloßen Zeitbedingung des nach Identität hungernden Menschen machen.
Die Schläge des zornigen alten Mannes gehen dabei nach allen Seiten. Die theologische Entmythologisierung gerät in »Bultmanns gute religiöse Stube, ›moderner Mensch‹«, Karl Barth kommt in »Geheimkabinett und feste Burg der Transzendenz«, der Katholizismus bekommt einen deutschen Hirtenbrief von 1936 zu lesen, die lutherische Geduld des Kreuzes wird an die »Leiche im Schrank« der Reformation, Thomas Münzer, erinnert. Vieles ist hier einseitig und in grelles Licht getaucht, doch sollte man sich fragen, ob es nicht eine notwendige Einseitigkeit gibt; jedenfalls auf dieser Erde.
Von unten gelesen, beginnt die »Revolte-Linie« der Bibel mit der Verheißung der Schlange, dieser Raupe der Göttin Vernunft: »Ihr werdet sein wie Gott«, und sie endet mit dem Ausblick auf das *homousios,* auf die Wesensgleichheit des Menschensohnes mit Gott. Nicht wie Gott sein zu wollen, wird dann zur Ursünde des stumpfen Menschengeschlechtes. Aus ihm erheben sich Kain und Jakob, Mose und Hiob. Sie entthronen die Götter, zerbrechen das Joch himmlisch verfügten Schicksals und machen aus der Jahwe-Figur des Alten Testamentes eine veränderliche, zukunftsoffene Erscheinungsform des Göttlichen, die zur Machtergreifung durch den Menschen einlädt.

2. Hiob der Rebell

Ein Höhepunkt des Buches ist zweifellos Blochs Hiob-Auslegung. Ist Hiob der berühmte Dulder oder ein hebräischer Prometheus? Die Geschichte ist offen und ohne Antwort. Theologische Deutungen fallen leicht in den bigotten Ton der Freunde Hiobs zurück. Atheistische Lösungen der Theodizeefrage sind oft nicht klüger als Hiobs Frau: »Sage Gott ab und stirb«. Hiob aber ruft nach seinem »Bluträcher« (nicht »Erlöser«), und für Bloch überdauern Hiobs harte Fragen auch den platten Atheismus. Seine eigene Antwort ist die Einweisung in den »Auszug aus Gott« und in die Hoffnung, die sich mit Empörung verbindet, um in den konkret gegebenen Möglichkeiten eines neuen Seins fundiert zu werden. Muß man dagegen nicht fragen: Was aber hätte Hiob zu dieser möglichkeitsfrommen Kosmodizee von Ernst Bloch gesagt?

Blochs Lesart des Neuen Testaments ist frappierend. Der »Menschensohn« statt des »Gottessohnes« wird zum Geheimzeichen Jesu. Dieser Archetyp wird mit Hilfe gnostischer und kabbalistischer Spekulationen seiner humanistischen Aufklärung entgegengeführt. Der Christus-Impuls kann sodann leben, auch wenn Gott tot ist, ja er erst ersetzt durch Menschenmystik die Vatergottverehrung.

Ironischerweise vertritt Bloch gegen den alten Arianismus und seine neueren liberalen Varianten im Leben-Jesu-Humanismus die Wesensgleichheit Jesu mit Gott. Doch bezeichnet die Formel nicht mehr die reale Menschwerdung Gottes, sondern die volle Gottwerdung des Menschen. Hier kehrt sich sein radikaler Atheismus zur vollendeten Gottesmystik herum. Gott und Mensch werden ununterscheidbar eines Wesens. Mystisch-utopische Vernunft erfüllt die Schlangenverheißung.

So endet das Buch mit der Vermählung zweier Texte: »Radikal sein, heißt die Dinge an der Wurzel fassen. Die Wurzel aller Dinge ist der Mensch«, sagte Karl Marx.

»Und ist noch nicht erschienen, was wir sein werden. Wir wissen aber, wenn es erscheinen wird, daß wir ihm gleich sein werden, denn wir werden ihn sehen, wie er ist«, sagt der 1. Johannesbrief.
»Hätten die beiden Textstellen einander gelesen«, meint Bloch, »dann fiele auf das Realproblem der Entfremdung in allem und ihrer möglichen Aufhebung ein gleichzeitig detektivisches wie utopisches Licht«. Marxismus würde sich nach Engels' Rückgang von der Utopie zur Wissenschaft wieder mit religiös-rebellischen Archetypen verbinden, und es käme eine Allianz zwischen Revolution und Christentum zustande, wie sie im deutschen Bauernkrieg einst als Sternstunde einem kommenden Tag vorangeleuchetet habe.

3. Subversive Bibelauslegung

Atheisten wird das Buch zu fromm, Christen zu atheistisch erscheinen. Wenn sie es aber unvoreingenommen lesen, werden sie es nicht aus der Hand legen, ohne auf neue Fragen gekommen zu sein.
Wenn nach Bloch das Beste an den Religionen darin besteht, daß sie Ketzer hervorbringen, so werden die Ketzer es von sich weisen, neue Orthodoxien begründen zu wollen. Um Simon Magus und Ernst Bloch kritische Ehre zu erweisen, ließe sich darum fragen, ob es bei richtiger Entlarvung der Allianz zwischen religiösem Monotheismus und Caesarismus nicht auch eine Transzendenz gab und gibt, die von Herrschaftsmythos und Untertanengeist befreit und frei ist. Muß mit dem Kaiser auch der Gott fallen, der nach Psalm 2,4 ohnehin schon über die Herrschsüchtigen spottete? Der »Vater im Himmel« war zwar durch den pater patriae verfälscht worden, doch wurde er auch als Geheimnis des von Rom Gekreuzigten verehrt.
Der Weg zu einer demokratischen und revolutionären

Transzendenz ist noch weit, nicht nur der monarchische Episkopat steht dazwischen. Aber darum muß »Gott« als »Geist der Gemeinde« noch nicht mystisch und identitätsphilosophisch mit dem zukünftigen Menschen zusammenfallen. Es könnte ja sein, daß die Wurzel der Religion nicht im arbeitenden Menschen und dem »Reich der Notwendigkeit«, sondern im selbsttätigen Menschen und dem bisher nur fragmentarisch antizipierten »Reich der Freiheit« und des Vertrauens liegt.

Im Bann der Produzentenlogik Feuerbachs gibt es nur Selbstentfremdung und Wiederaneignungen des entäußerten Selbst. Im Spiel der Freiheit aber kann sich der Mensch auch zum Ganz-Anderen und Fremden vertraut verhalten. Hier ist nicht die »Heimat der Identität« sein Ziel, sondern die unerschöpfliche Fülle der freien Entsprechungen. Und so geht die Eschatologie vom endlich »aufgedeckten Angesicht« nicht auf pure Selbstbegegnung aus, sondern auf die Widerspiegelung der Klarheit Gottes im Bilde des Gekreuzigten, worin Selbstbegegnung geschichtlich vermittelt ist, die einmal von Angesicht zu Angesicht sein soll.

Davon kann im Reich der Untertanen nur unter Schmerzen die Rede sein. Im Reich der Rebellen, deren Kampf vom Widersacher geprägt ist, ist es nur verzerrt präsent. Sollte es nach der Wendung vom Gehorsam der Knechte zur rebellischen Bruderschaft des Menschensohnes nicht noch einmal eine Aufhebung geben müssen in ein Reich, wo nicht nur die Schmerzen der Unterdrückten, sondern auch die Opfer der Rebellen vergessen werden in dem, was »ewige Freude« genannt wurde? Auch mit »Atheismus im Christentum« ist die Bibel nicht erschöpft. Bloch: »Atheismus selber tut dem Unerschöpften nichts an: im Gegenteil.«

IV.

Gespräch über die Kategorie Novum

Ernst Bloch – Wolf-Dieter Marsch – Jürgen Moltmann: Protokoll eines Kolloquiums über die Hoffnung, 1965, auf einer Tagung der Evangelischen Akademie in Arnoldshain.

Marsch: Ein Gespräch ist nicht sinnvoll, wenn man sich nur gegenseitig des Wohlwollens und der Einstimmigkeit versichert, sondern erst wenn man auch die Differenzen herausgräbt, die zwischen beiden Partnern bestehen. Und ich würde meinen, es wäre sinnvoll, daß wir dies in dieser kurzen Zeit versuchen. Mir scheinen die Differenzen in der Art und Weise zu liegen, wie Sie, Herr Bloch, das Novum hereinbrechen sehen, sowohl religionsgeschichtlich wie auch systematisch als das schlechthin Überraschende, das nie Dagewesene, und wie Sie es religionsgeschichtlich im persischen Dualismus verankern und dann in gnostisch-christliche Sekten übergehen lassen, während Herr Moltmann die Erwartung des Neuen in der prophetischen Verkündigung des Alten Testaments selbst ansetzt. Zum andern scheint mir eine wichtige Differenz darin zu liegen, wie Herr Moltmann die Erwartung des Neuen mit der Theologie des Kreuzes, mit dem Leiden, mit der Geduld des Kreuzes koppelt, sie unmittelbar zusammensieht, während Herr Bloch gegen die paulinische Kreuzestheologie doch manches auf dem Herzen und in der Vernunft hat. Und diesen Gegensatz würde ich jetzt gern noch einmal von Ihnen, Herr Bloch, provoziert sehen. Es nützt ja nichts, daß man sich in die Arme fällt und einig ist, – man ist sich in vielem einig in diesem Kreis, auch wir drei. Aber hier scheinen mir Gegensätze zwischen der Philosophie und der Theologie zu liegen. Würden Sie diesen Gegensatz zu Herrn Moltmann noch mal formulieren können?

Bloch: Ja also, das Kreuz ist eine Provokation, hat, glaube ich, Herr Moltmann gesagt. Der Zweifel am Kreuz ist erst recht eine Provokation. Das Kreuz hat's in jeder Weise in sich, nicht? Ich stoße mich, um gar kein Blatt vor den Mund zu nehmen, ich stoße mich schon an der Verbindung: GEDULD DES KREUZES. Kreuz, Kreuz – Leid, Leid ist des Christen Teil, sagte Luther. Er sagte es zu den aufrührerischen Bauern, damit sie bei der Stange bleiben, die schon auch ohne paulinische Theologie Kreuz genug hatten, und die Sklaven, die gekreuzigt wurden an der Via Appia, ich glaube 8000 Kruzifixe standen an der Via Appia nach dem Sieg über Spartacus, die haben auch nicht erst die paulinische Theologie gebraucht, um zu wissen, was Kreuz ist. Keiner ist auferstanden. Den Herren hat Luther es nicht gesagt, bei denen es mit dem Leid ja auch nicht so sehr weit her war, mit dem äußeren Leid, was das Schlimmste ist und mindestens das Konkreteste ist für die meisten Menschen, die zum andern gar nicht richtig kommen. Nun ist also hier die Frage, nachdem wir den stark gegenrevolutionären, restaurierenden, konformistischen, die Augen verschmierenden Gebrauch von Geduld über und über satthaben, und die, deren Interesse es ist, daß die Mühseligen und Beladenen, die Erniedrigten und Beleidigten Geduld zeigen und nicht die Faust, ist die Frage, ob man mindestens empfindlich wird gegen die, sehr höflich gesagt, Mißverständnisse, die sich aus der Kreuzestheologie-Moral, nicht Theologie zur Kreuzestheologiemoral ergeben haben. In Linien, die schon bei Paulus sichtbar sind, der auch die Sklaven bei der Stange halten läßt. Und mit diesem Motiv, daß die Sklaven ja sich nicht regen, zum Unterschied von der Stoa und auch von Aristoteles zum Teil, aber sicher von der Stoa, hat das Christentum sich deshalb auch als Reichsreligion empfohlen, da es die Sklaven bei der Stange hielt. Vom übrigen Christentum war gar nicht die Rede. Das war die Hauptsache. Ich bin die Auferstehung und das Leben und siehe, ich mache alles neu, das war nichts als Schlagwort, mit dem das Christentum unter Konstantin Reichsreligion wurde. Also, da sind schon bedenkliche Spuren, und so etwas müßte doch uns alle empfindlich machen.

Moltmann: Soweit es das Moralische betrifft, bin ich mit Ihnen ganz einig. Aber es steckt doch mehr dahinter. Im Juli dieses Jahres wurde im »Merkur« ein Aufsatz des belgischen Journalisten Jean Améry über »Die Erfahrung der Tortur« abgedruckt, ein Bericht über eigene Folterung durch Gestapo und SS. Dieser Bericht schließt mit den Worten: »Darüber blickt keiner hinaus in eine Welt, in der das Prinzip Hoffnung herrscht.« Und das hat mich sehr getroffen, nicht nur darum, weil ich das Prinzip Hoffnung liebe, sondern es hat mich auch persönlich betroffen. Ich frage mich, ob die Welt, in der das Prinzip Hoffnung herrscht, nur die Welt der tätigen Veränderung der Dinge, der Abschaffung von KZ, der Beendigung der Not und des Leidens sein kann, ob damit nicht ein ganzer Bereich des Seins –, eben das, was Hegel das platte, dumme und harte Nichts nannte, – ausscheidet und über der Welt dann noch, obwohl sie voll Möglichkeit steht und zu jeder Hoffnung Anlaß gibt, Bereiche sind, über denen am Tor steht: Laßt alle Hoffnung fahren, die ihr hier eintretet.
Das führt mich weiter zu der Überlegung, ob wirklich den biblischen Geschichten zufolge, an die ich mich zunächst also halte, das Neue und die Hoffnung sich nur auf das Noch-Nicht-Sein richten, auf die Ursehnsucht des Nicht-Habenden nach dem Habend, des Nicht-Seienden nach dem Seienden. Mir scheint, daß sowohl in der Schöpfungsgeschichte wie bei Hiob, wie in den Psalmen, wie in den Klageliedern Jeremias überall dieses Neue nicht am Noch-

Nicht auftaucht, sondern gerade am Nichts, gerade dort, wo alles zu Ende ist. Das würde mir, wenn das richtig ist, Veranlassung geben, von einer *Eschatologia Crucis* zu reden. Dies meint nicht, daß man sich nur in Geduld abfinden müsse mit allem, was so kommt, sondern meint gerade, daß das Neue dort zu erwarten ist, wo die ungeheure Macht des Negativen übermächtig wird über den Menschen, daß er da auf dieses Neue ex nihilo von Gott warten kann. Das würde in einer doppelten Weise nun moralisch relevant: einmal darin, daß man sich aufmacht, um die Armut des Armen zu beenden und das Elend der Gefolterten zu beseitigen, aber auch zum anderen darin, daß man Kraft gewinnt, das Leiden anzunehmen, wo es übermächtig über einen kommt, so daß man in diesen Leiden nicht in Absurdität versinkt, sondern auch dieses Dasein sinnvolles Dasein ist. Ich meine, ich würde alle die, die stellvertretend für uns gelitten haben und in dieses Dunkel mit Hoffnung und in Geduld hineingingen, verraten, wenn ich das nicht sagte. Ich kann mich also nicht darauf beschränken, Hoffnung nur in tapferer Aktion gegen das Negative zu sehen. So wichtig das ist und so sehr gerade Christen einen Aufruf dazu brauchten, es geht auch um Hoffnung, mit der man in das Nichts hineingehen kann. Das Leiden, das auf einen kommt, kann das Leiden sein, das durch Mächte über einen kommt; es gibt aber auch das Leiden, das man auf sich nimmt aus der Liebe des Opfers. Und hier würde ja diese andere Frage auftauchen, die Sie selbst oft gestellt haben: warum soll ich jetzt auf Vergnügen und Leben verzichten, damit die Arbeiter im 32. Jahrhundert Vergnügen und Leben haben? Welchen Sinn hat also das Leiden, das die Liebe auf sich nimmt, im Opfer für andere? Hoffnung, meine ich, die nur in Tatkraft lebendig wird, nicht aber das Leiden, das aktive Leiden und das Leiden aus Passion, aus Leidenschaft, mit Sinn erfüllt, wäre doch eine Hoffnung, die in ihrer eigenen Wunschwelt lebt, aber die Realität, in der wir stehen, die so sehr der Macht des Negativen ausgeliefert ist, ohne Hoffnung ließe. Und darum habe ich einmal aus sachlichen Gründen und zum anderen, weil mir die Geschichten im Alten und Neuen Testament das so herzugeben scheinen, die Antithese, die Annihilatio, die mit dem Novum verbunden ist, und also auch das Kreuz des Auferstandenen betont.

Marsch: Mann kann das ja sehr einfach zusammenfassen, wie es Herr Lowe in dem Brief in Ihrer Festschrift getan hat: Wo bleibt das radikale Negative, die radikale Negativität, die sich nicht, noch nicht, in einen Erwartungseffekt auflöst, sondern die sozusagen durch die Maschen der Weltgeschichte fällt? Und hier stehen die Theologen – vielleicht ist es ein Trick, werden Sie sagen, Herr Bloch – einfach mit der Erkenntnis, daß der Auferstandene und die Hoffnung der Auferstehung uns nur an der Gestalt des Gekreuzigten identifizierbar wird. Das ist also eine Dialektik (Zwischenbemerkung Bloch: ja), die wir sozusagen in ihrer Zuspitzung durchhalten müssen.

Bloch: Adolf Lowes »Beitrag« zur Rolle des Bösen, des Negativen, das in der Hoffnung überschlagen, zu leicht überschlagen wird, dieser Beitrag ist nicht primär an mich gerichtet, sondern gegen unseren gemeinsamen Freund Paul Tillich, und Lowe ist ein Nationalökonom, kein Theologe. Man muß nicht erst Theologe sein, um Auschwitz nicht zu begreifen. Man muß nicht eine *theologia crucis* haben, um das zu begreifen. Es gibt Böses genug in der Welt. Man muß nicht nur nach Golgatha gehen, um Kreuze ohne Zahl zu finden und solche vor allem, denen keine Negation ihrer Negation auf dem Fuß folgte. Gerade von der Opfertod-Theologie, der erst von Paulus gebrachten, ließ sich sagen, sie nähme die Kreuze, das Böse in der Welt, – nicht ernst.

Marsch: Damit kommen wir uns näher. Daß es diese Apologie der Kreuzesdemut gegeben hat, keine Frage.

Daß aber das Kreuz sowohl für die Urchristen wie auch für den von uns gemeinsam geschätzten Hegel, wie auch für die Christenheit heute eine fürchterliche Sache ist, eben die völlige Enttäuschung der Hoffnungen, ist ebenfalls keine Frage. Hegel hat ja das Kreuz geradezu als den Tod Gottes, als das fürchterliche Ereignis des Todes Gottes immer wieder bezeichnet. Gerade der Gegensatz und die Nichterklärbarkeit, die Katastrophalität des Kreuzes sind aus dem urchristlichen Kerygma nicht wegzudenken. Daß man es zur bequemen Anpassung an Geduld und nun nochmal Leiden, Leiden, Leiden gemacht hat, ist eine andere Frage. Das steckt aber nicht im eigentlichen Kerygma des gekreuzigten Auferstandenen.

Moltmann: Eben darum habe ich die Stelle aus dem 1. Korintherbrief (1,26 ff) zitiert, wo dieses Handeln Gottes in Vernichtung und Neuschöpfung sich revolutionär auswirkt, die Schwachen erwählt, damit er die Starken zunichte mache usw. Wenn man das darauf reduziert, daß er immer nur die Schwachen liebt und bei den Schwachen ist, weil die Schwachheit das Bessere sei, dann fällt sie weg, die umstürzende Dialektik dieser Sätze. Wenn man aber begreift, daß er die Gewaltigen vom Stuhl stößt und die Niedrigen erhebt, wie es im Lobgesang der Maria heißt (Lk 1,46 ff), dann sieht man, daß hier eine Veränderung eintritt, und zwar, das möchte ich doch einmal betonen, nicht nur an dem, was »noch nicht« ist, sondern an dem, was »nicht mehr« ist. Genügt es, das Nichts und die Macht des Negativen als Noch-Nicht aufzunehmen im Prinzip Hoffnung? Wie ist es mit dem, was nicht mehr ist? Ich finde nicht, daß Paulus die Sklaven hat bei der Stange halten wollen. Im Gegenteil, er hat eine Gemeinde gegründet aus Sklaven und Freien. Sicher, es ging ihm nicht darum, diese Veränderungen in Aufhebung der Sklaverei herbeizuführen, aber die Grundlage dafür, daß Sklaven und Freie, Männer und Frauen, Hohe und Niedrige zusammen in einer Gemeinde sind, in welcher die Unterschiede nicht mehr gelten, abfallen (Zwischenbemerkung Bloch: das nannte man vor kurzer Zeit hier Volksgemeinschaft) ja, es war aber im Urchristentum nicht »Volksgemeinschaft«, sondern zerbrach sämtliche Volksgemeinschaften, die es damals gab, war die erste internationale Gemeinschaft, weil es keine Grenzen gibt, die hier nicht gesprengt werden.

Punkt 2. Luthers Stellung im Bauernkrieg ist mir auch suspekt, und ich kann Ihnen da ganz zustimmen, obwohl ich den Thomas Münzer, der das Leben »von der Erde in den Himmel schwenken« wollte, nicht besonders liebe; ich hätte lieber umgekehrt den Himmel auf die Erde geschwenkt (Zwischenbemerkung Bloch: das ist dasselbe), das weiß ich nicht, ob es dasselbe ist; bei Luther taucht jedenfalls ein anderer Gedanke auf, daß nämlich mit dem Kreuz Christi die Höllenfahrt Christi verbunden sei, daß also in der Hölle der Gottverlorenheit und Gottverlassenheit des absolut Negativen dieser Bruder da ist, und das gibt Luther Anlaß zu Hoffnungen, selbst in der Hölle; so wird hier die Hölle durchdrungen von Hoffnung, indem der Gekreuzigte diese Hölle durchschreitet, und mir scheint, hier entzündet sich Hoffnung nicht nur am Negativen, sondern mitten unter der Macht des Negativen (Zwischenbemerkung Bloch: schon, er durchschreitet, aber die Höllenstrafen sind ewig; für Jesus, der da unten hinkommt und besucht, sind sie nicht ewig, für die andern sind sie ewig. Das ist übrigens ein kirchliches Dogma – römisches Dogma). Ja, schon, aber nicht ein lutherisches, sie sind nicht mehr ewig (Zwischenbemerkung Bloch: Höllenstrafen sind nur bei Origenes zeitlich, überall sonst, bei so großer christlicher Güte, gelten sie als ewig). Paul Gerhardt hat es sehr schön ausgedrückt in seinem Osterlied: Christus geht nicht in die Hölle, um es den andern zu ersparen als Zahlmeister, wie Sie sagen, der Abschlagszahlungen leistet für unsere Sünden, sondern »er reißet durch den Tod, durch Welt, durch Sünd' und Not; reißet durch die Höll', ich bin stets sein Gesell« heißt: dem Christen wird nichts erspart, auch die Hölle nicht, aber er kann hindurch an der Seite dieses Gesellen. Und das ist etwas anderes, als wenn es dem Christen abgenommen würde und ihm nun also alles erspart bliebe. Es ist ihm ein Weg gebahnt, der Weg der Hoffnung durch das Nichts, durch die Hölle hindurch, weil er Gott, diese Macht der unumschränkten Möglichkeiten, im Nichts selber in Anspruch nimmt.

V.

Die Bibel, Karl Marx und die Apokalypse

Jubiläen werden vom Kalender gemacht und nach jener magischen Mathematik angesetzt, wonach einer mit nötigem Alter und gebührender Würde alle 10 Jahre eine Festschrift und seine Nachwelt 200 Jahre nach seiner Geburt ein Ehrenjahr, z. B. ein Hölderlin- oder Hegeljahr bekommt. Warum eigentlich? Ich nehme nicht an, daß Ernst Bloch, der am 8. Juli seinen 85. Geburtstag feiert, auf diesen Mythos der zeitlichen Wiederkehr gesteigerten Wert legt. Der Anlaß ist also nur äußerlich. Wichtig ist hingegen, diesen für viele Parteien so ungleichzeitigen, unbequemen und provokativen Zeitgenossen vorzustellen und seine Bedeutung für die Zeit zu ermessen.

Dabei wäre es verfehlt, diesen streitbaren Geist objektiv darstellen zu wollen. Seit ich ihn 1960 nach einem Vortrag in einer langen Nachtdiskussion in einem Wuppertaler Lokal kennenlernte, ist es mir immer so ergangen, daß ich aus Gesprächen mit ihm nie fortgegangen bin, ohne eine starke Verfremdung von eigenen Vorstellungen zu spüren und ohne auf eine neue Frage gekommen zu sein. Will man über ihn sprechen, so muß man sich auf seine Sache einlassen und muß – ihm zu Ehren – mit ihm streiten. Dann blitzen seine Metaphern und funkeln seine dialektischen Wendungen, dann offenbart sich das Listige, das Witzige und das Grundgütige seines Geistes.

1. Ein Denker seiner Zeit

Ernst Bloch im Gespräch ist noch etwas anderes als Ernst Bloch in parteinehmender Rede und Ernst Bloch als Literatur. Bloch ist ein »Denker der Zeit«, wie man gesagt hat, aber er faßt seine Zeit nicht nur in Gedanken wie sein großer Ahne Hegel, sondern ist ein Denker seiner Zeit und dessen, was über die Zeit hinausgeht, was anders sein will und schon hier in Bildern und Symbolen und sehr alltäglichen Spuren Leben verändert.

Bloch ist vieler Zeiten Zeitgenosse. Wie die dürre Biographie berichtet, wurde er 1885 in Ludwigshafen geboren. Er war beim Ausbruch des ersten Weltkrieges, als über dem alten Europa die Lichter ausgingen, 29 Jahre alt. Er ist also ein Zeitgnosse der Wilhelminischen Ära, der hektischen Gründerjahre, der bürgerlich-antibürgerlichen Jugendbewegung, der Lebensphilosophie und der religionsgeschichtlichen Schule. Was für uns ferne Historie ist, ist in seinem Denken präsent. Rickert und Simmel, Troeltsch und Max Weber, Harnack und Reitzenstein waren seine Partner. Und doch ging er als ein Fremder aus dieser Zeit hervor.

Als im August 1914 die Kriegsbegeisterung auch kritische Professoren ergriff, schrieb er in einem letzten Brief an Simmel: »Ein ganzes Leben lang wichen Sie der Wahrheit aus, als ob Sie sie sähen, und jetzt finden sie das Absolute im Schützengraben. Nein, das nicht!« Er entzog sich dem nationalen Rausch mit dem pazifistischen Traum vom humanen Frieden und tauchte 1918 aus der Einsamkeit auf mit dem Buch »Geist der Utopie«. Letztes Kapitel: »Karl Marx, der Tod und die Apokalypse«. Dieses messianische Thema hat ihn nie verlassen. Es folgte 1921 die erste »Theologie der Revolution«, das Buch über Thomas Müntzer.

2. *Humanistischer Sozialismus*

Bloch war 48 Jahre, als 1933 der Faschismus in Deutschland die Macht ergriff. Er hat die »goldenen zwanziger Jahre«, die im Untergrund denn doch schon braun sich färbten, als freier Schriftsteller und Journalist in München und Berlin genossen. Mit Lukács, Brecht, Benjamin und vielen anderen produzierte er jenen humanistischen Sozialismus, den er später »das warme Rot«, den »Wärmestrom im Marxismus« nannte. Ironisch-bittere Attacken auf den braunen Messias, seine zahlungskräftigen Hintermänner und seine kleinbürgerlichen Opfertiere zwangen ihn, schon im März 1933 Deutschland zu verlassen. Wien, Paris, Prag und ab 1938 Cambridge/USA sind die Stationen seiner Emigration.

Mit dem Versagen des Bürgertums vor der Diktatur rechnete er in »Erbschaft dieser Zeit«, 1935, ab. Es war zugleich ein radikaler Abschied von einer Vergangenheit, die, unzeitig, wie sie war, noch heute Gegenwart ist. Erst in der erzwungenen Ruhe und auch Armut, wie man sagen muß, entstanden in Cambridge jene Werke, von denen heute alle sprechen: »Das Prinzip Hoffnung« (seinerzeit von einem englischen Verlag abgelehnt) und »Naturrecht und menschliche Würde«. Er schrieb sie in einem Lebensalter, wo andere müde werden und sich nur noch wiederholen.

3. *Kann Hoffnung enttäuscht werden?*

Im Alter von 62 Jahren wurde er 1947 Professor in Leipzig, voller Hoffnung auf ein »neues, anderes Deutschland«, aber bald enttäuscht. Er war den Staatsphilosophen zu »religiös«; seine Hoffnungsphilosophie sei eine »Welterlösungslehre«, sein »paneschatologischer Traum« sprenge den Marxismus. Mit 76 Jahren siedelte er nach

Tübingen über. Man hatte gerade die Mauer gebaut. »Kann Hoffnung enttäuscht werden?« hieß seine Antrittsvorlesung, und er antwortete: Ja, sie kann und wird enttäuscht werden, bei ihrer Ehre; sonst wäre sie ja keine Hoffnung.

Steht man am Neckar, so wohnt Bloch »links vom Stift«, wo einst Hölderlin, Hegel und Schelling um den Maibaum tanzten und die Marseillaise auf deutsch sangen. Dort wohnt er denn wohl richtig. Man sieht ihn in seinem Seminar, das er regelmäßig hält, bei Protestdemonstrationen, bei Vorträgen und öffentlichen Diskussionen, wo seine Geistesgegenwart in Kritik, Ironie und Provokation nach vorn viele Jüngere in den Schatten stellt. Ist Bloch Marxist? fragen sich Linke und Rechte besorgt. Er antwortete einmal: »Ich habe den Marxismus in mein System eingebaut.« Marx steht für ihn in der Tat im Zentrum der neueren Philosophiegeschichte, weil er Philosophie und Ökonomie auf den Nenner konkret-befreiender Praxis der Unterdrückten brachte. Aber er kam zu Marx vom Messianismus, von Thomas Müntzer und von der subversiven Bibel der Propheten und der Armen. Das hat ihn nie zum Marxepigonen werden lassen.

Marxistischer Ideologiezwang blieb ihm fremd. Er blieb souverän, dachte mit Marx, was über Marx hinausgeht, und ließ sich nicht durch Marxdogmatismus verbrauchen. Wenn man heute von drei verschiedenen Marxismen spricht, vom russischen Marxismus, vom chinesischen Maoismus und vom Neomarxismus im Westen, der »kritischen Theorie«, der »Philosophie der Praxis« und der »Dialektik des Konkreten«, so wird man Bloch bei allen Unterschieden, versteht sich, am ehesten auf dieser dritten Linie antreffen.

Die apokalyptische Melancholie darüber, daß es kein wahres Leben im falschen gäbe, hat ihn im Unterschied zu Adorno nie befallen. Dafür las er die Spuren der »Pioniergeschichte der Freiheit« mitten in der Geschichte von Herrschaft, Sklaverei und Ausbeutung zu genau und lehrte, die Realchiffren der Zukunft in der unabgegoltenen, treibenden und bohrenden Vergangenheit von Christentum, Reformation, Bauernkriegen, Französischer Revolution und Emanzipationsbewegung zu beachten.

4. Die konkrete Utopie

Es gibt Antizipationen des wahren Lebens schon mitten im falschen. Das Neue ist nie ganz neu, immer geht ihm ein Traum voraus. Der naive Fortschrittsglaube, mit dem sich ein auf Industrie und Ökonomie reduzierter Marxismus manchmal verbindet, um nicht mehr das »Reich der Freiheit« zu suchen, sondern nur noch Amerika im Pro-Kopf-Verbrauch zu überholen, blieb ihm fremd. Sah Engels den Fortschritt des Sozialismus von der Utopie zur Wissenschaft, so kommt bei Bloch nach diesem notwendigen Durchgang die Utopie in Gestalt der »konkreten Utopie« wieder zu Ehren. Daher sein Interesse an jenen über die Zeit und das Real-Mögliche hinausschießenden utopischen und messianischen und apokalyptischen Hoffnungsfiguren. Daher aber noch stärker sein realistisches Interesse, eben diese Hoffnungsträume der Mühseligen und Beladenen nicht im Opium des Volkes oder im Hasch frustrierter Revolutionäre verkommen zu lassen, sondern sie mit dem Jetzt-Möglichen und der Tendenz der Geschichte zu vermitteln.

Stärker als bei der vulgärmarxistischen Einsicht in objektive Geschichtsgesetze kommt deshalb der subjektive Faktor, der Mut der militanten Hoffnung, zum Tragen. Ist das Real-Mögliche das nur erst partiell Bedingte, so sind wir es, die es verwirklichen oder verhindern. Darin liegt nach Marx und Hegel denn doch auch wieder etwas von den Postulaten der praktischen Vernunft Immanuel Kants. Und es ist nicht von ungefähr, daß in den Befreiungsfronten der dritten Welt und jener ersten, nicht unmittelbar ökonomisch bedingten Bewegung, den Studentenbewegungen, eben dieser subjektive Faktor wirksam wird.

»Das Prinzip Hoffnung« entwickelt zum erstenmal die Kategorien des Möglichen, aber es ist doch nicht nur »Das Prinzip Möglichkeit«. Eine konkrete Utopie ist auch dann konkret, sagte Kolakowski einmal, wenn sie das Unmögliche, das jetzt noch nicht Mögliche, ins Auge faßt. Sie wartet nicht, bis ihr die Möglichkeit in den Schoß fällt. Indem sie öffentlich wird zu einer Zeit, wo ihre Zukunft noch nicht möglich ist, macht sie diese möglich. Danach liegt in der Hoffnung auch etwas, das über das jetzt Mögliche hinauszielt.

5. *Wer macht das Mögliche möglich?*

Das bringt eine kritische Frage hervor. Seit Aristoteles galt als Grundsatz: Höher als die Möglichkeit steht die Wirklichkeit. Bloch hat versucht, diesen Satz umzukehren: Höher als die Wirklichkeit steht die Möglichkeit. Aber ist ihm das gelungen, wenn doch das Mögliche nur das Noch-nicht-Wirkliche sein soll? Kann der Vorrang der Möglichkeit in einer »Ontologie des Noch-nicht-Seins« gedacht werden? Wer macht denn das Mögliche möglich? Für den Konsumenten heißt es: Neckermann macht's möglich. Bloch verwendet gern das Bild vom Leibniz, wonach die Gegenwart mit der Zukunft schon schwanger geht. Aus den Tendenzen und aus den Widersprüchen der Gegenwart wird dann die Zukunft produziert.

Aber wer sagt, daß das Kind »Zukunft« besser ausfällt als seine Mutter »Gegenwart« und seine Großmutter »Vergangenheit«? Wer zeugt dieses Kind und legt die Keime der Zukunft in die Gegenwart? Es soll sich bei der Zukunft, um im Bilde zu bleiben, doch wohl nicht um eine Jungfrauengeburt der Geschichte handeln. Geht die Gegenwart mit der Zukunft schwanger, so geht auch die

Wirklichkeit mit der Möglichkeit schwanger, und eben das sagte schon Aristoteles. Soll die Möglichkeit ontologisch höher stehen als die Wirklichkeit, so muß sie ihren Grund doch in etwas finden, das die Möglichkeit und die Wirklichkeit transzendiert.

Das Schöpferische und das Geschaffene, es sei wirklich oder möglich, müssen dann besser unterschieden werden, so daß mit der unbedingten Möglichkeit des Schöpferischen im Blick auf das bedingte Wirkliche wie das bedingt Mögliche gerechnet werden kann. Das Vertrauen auf das Schöpferische in der Natur und im Menschen selbst ist auch ein Glaube, aber kein sehr atheistischer Glaube, sondern ein Glaube am Rande des Pantheismus.

Daraus ergibt sich die weitere Frage: ist das Mögliche nur das Noch-nicht-Wirkliche, so vollzieht sich der geschichtliche Schöpfungsprozeß in der Überführung des Möglichen ins Wirkliche. Wo immer etwas noch nicht ist, wohl aber schon sein kann, gibt es dann Hoffnung. Aus dem objektiv Real-Möglichen und dem subjektiven Mut der Hoffnung, verbunden mit einer erkannten Tendenz im Geschichtsprozeß, entsteht der offene Zirkel der Parxis.

Gibt es aber auch Hoffnung für das nicht mehr Mögliche, für das nicht mehr Seiende, für die Toten? Das war die Frage, die der Prophet Hesekiel (Kap. 37) hörte, als er auf dem weiten Feld stand, das voller Totengebeine lag: »Meinst Du auch, daß diese Gebeine wieder lebendig werden können?« Es ist die Frage des vernichtenden Nichts an die Lebenden, mit der das ganze Alte Testament gerungen hat. Israel hat das Staunen über sein eigenes Sein oft verbunden mit dem Staunen darüber, daß überhaupt etwas ist und nicht vielmehr nichts. Es hat dieses Sein aus dem Nichts als Schöpfung (creatio ex nihilo) verstanden.

Nicht aus dem Möglichen und dem Noch-nicht-Sein, sondern aus dem öden, wüsten, finsteren Nichts ist geschaffen, was ist, und entsprechend vollzieht sich der Schöpfungsprozeß des Neuen in der Geschichte aus Gericht, Zerstörung und Tod. Hoffnung, die, mit Musil zu sprechen, mit den noch nicht erwachten Möglichkeiten Gottes rechnet, erwartet das Neue auch am Unmöglichen, nämlich als Auferstehung der Toten, Gerechtigkeit an den Ungerechten und als das Reich bei den Armen.

Ich meine, daß jener offene Zirkel einer mit dem Real-Möglichen verbündeten militanten Hoffnung sich nicht gegen diesen umfassenden Zirkel der Hoffnung auf den Schöpfer aus Nichts gegen das Nichts verschließen müßte, wie umgekehrt jene theologische Hoffnung sich nicht gegen jene praktische Hoffnung abkapseln muß.

Ist Bloch nicht ein Atheist? fragen manche Fromme besorgt. Sein letztes Buch trägt den Titel »Atheismus im Christentum«. Wenn er aber Atheist ist, warum dann diese unablässige Beschäftigung mit dem Christentum? Seit dem »Geist der Utopie« haben die Schlußkapitel seiner Bücher immer wieder eine ähnliche Struktur. Hieß es dort »Marx, der Tod und die Apokalypse«, so sprechen die letzten Kapitel im »Prinzip Hoffnung« von der Utopie des Reiches, vom höchsten Gut und der »Heimat der Identität«.

Seit seinem Müntzerbuch arbeitet Bloch an der Allianz von Sozialisten und Christen. Darum ist er für Atheisten zu fromm und für Christen zu atheistisch. Beide hätten lieber nur einen halben Bloch, um ihn zu vereinnahmen oder zu bekämpfen. Sein Atheismus ist gegen das etablierte Christentum in der Tat hart, bissig und oft auch banal. Aber ist es nicht seine Hoffnung, endlich ein »unentfremdetes Christentum« zu sehen? Atheismus ist immer ein relativer Begriff, ein Kampfbegriff. Er richtet sich bei Bloch praktisch gegen den Theismus der politischen Religion, die mit Gott dem Vater den Landesvater und mit Gott dem Herrn die Herren dieser Welt segnet.

Glaube oder Atheismus, ist nicht die theoretische Frage, ob es einen Gott gibt oder nicht, sondern die praktische Frage der Befreiung zur Freiheit. Es gibt in der Tat ein repressives Christentum, das mit politischer Herrschaft verbündet ist. Es gibt auch repressive Kirchen, die mehr die Autorität des Gesetzes als die Freiheit des Evangeliums ausbreiten. Auf sie bezieht sich Blochs militanter Atheismus der Freiheit. Aber es gibt auch einen repressiven Atheismus, der sich mit anderen Staatsidolen verbündet hat und die Freiheit auslöscht. Dieser hat in den letzten 50 Jahren zu viele Emigranten hervorgebracht, als daß man ihn übersehen könnte.

Das Christentum ist nicht als Nationalreligion, als Herrschaftsideologie oder Gesetzesautorität entstanden. Es entstand in der Nachfolge des Menschensohnes, der im Namen des Gesetzes sowie der Mythen und Mächte seiner Zeit gekreuzigt wurde. Es entstand unter dem Eindruck seiner Auferweckung in die Zukunft des Reiches. Blochs leidenschaftlicher Atheismus gegen jegliche Herrenreligion dient dazu, die Bruderschaft der Glaubenden und der Armen und wahre christliche Hoffnung von den Götzen und Idolen, von den falschen Allianzen und den Mißbräuchen zu befreien.

Der Mensch ist unausrottbar »religiös« (Berdjajew). Er hat Angst vor der Freiheit. Das gibt es bei Christen und Atheisten. Wenn die Christen jenen »Atheismus im Christentum« wieder erkennen würden, der es verhindert, daß sie den Götzen und Idolen der Angst nachlaufen, dann kann auch das Umgekehrte passieren, daß nämlich Atheisten das »Christentum im Atheismus« entdecken und von der Vergottung des Menschen, der Gesellschaft, der Partei und des Weltprozesses abzulassen.

Mit den bisherigen Formen des Christentums, der Kirche und des Glaubens ist die Bibel nicht erschöpft, wahrlich nicht. Es liegt in ihr noch Unabgegoltenes, Verheißendes und Hoffnungsvolles, das auch im historischen Christentum praktisch noch nicht das Licht der Welt erblickt hat. Aber auch mit dem »Atheismus im Christentum« ist die Bibel nicht erschöpft. Sagt Bloch doch: »Atheismus selber tut dem Unerschöpften nichts an: im Gegenteil.« Es sollte

wohl eine würdige Aufgabe der Theologie sein, dieses »im Gegenteil« herauszufinden und konsequent zu praktizieren.
Ernst Blochs Werk steht allen quer ins Haus, die gerne ein Haus bewohnen, einen Partei- oder Konfessionsnamen tragen und sich so nur im eigenen Lager wohl fühlen wollen. Das ist das Beste, was er seinen Zeitgenossen gibt.

VI.

Philosophie in der Schwebe des Messianismus

Ein Jahr bevor Ernst Bloch von Leipzig nach Tübingen übersiedelte, habe ich versucht, sein Werk »Das Prinzip Hoffnung« unter dem Titel »Messianismus und Marxismus« vorzustellen. Obgleich es sein humanistischer, demokratischer Sozialismus war, der in den sechziger Jahren Studenten und Bürger, Gewerkschaften und Parteien, Kirchen und Schulen zum Aufbruch in die Reform des Lebens und der Lebensverhältnisse führte, faszinierte mich daneben und zunehmend mehr sein Messianismus. Damals fragte ich: »Hat bei Bloch im Prinzip Hoffnung der Messianismus den Marxismus besiegt, oder ist er ihm erlegen?«[1]
Ich würde die Frage heute nicht mehr so alternativ stellen. Der Messianismus scheint mir die übergreifende Perspektive und der innere Impuls für seinen Sozialismus zu sein und der demokratische Sozialismus die historische Gestalt des Messianismus angesichts des gegenwärtigen Elends des Kapitalismus und seiner Demokratien. Der messianische Geist bringt sowohl den Sozialismus wie die Demokratie aus ihren Erstarrungen heraus und öffnet beide für größere Perspektiven. Er bringt beide »in die Schwebe« und vermittelt in ihr bisher unvermittelte Gegensätze und fixierte Feindschaften: – aber eben nur »in der Schwebe«.
Auf dem Feld des Messianismus treffen sich heute Judentum, Christentum und Blochs Hoffnungsphilosophie. Es ist ein Feld der erstaunlichen Variationen und der widersprüchlichen Möglichkeiten. Was hier »Messianismus« zu

1. Vgl. o. 31.

nennen ist, kann erst im Gespräch von Juden, Christen und Sozialisten genauer bestimmt werden[2]. Das Gespräch zwischen den messianischen Bewegungen ist an der Zeit, denn erst aus den Erfahrungen des messianischen Elan vital und seinen konkreten Enttäuschungen wird jede Hoffnung geboren, die aus Erfahrung klug geworden ist, ohne sich selbst wegzuwerfen.

1. Messianismus der Religionen

Im Kapitel 53 des »Prinzip Hoffnung« legte Bloch eine messianische Interpretation der großen Religionen vor, insbesondere der früher sogenannten Stifterreligionen. Ihre besondere Bedeutung liegt nach Bloch darin, daß sie neben dem religiösen Geheimnis und zusammen mit ihm jenen »Selbsteinsatz des Stifters ins religiöse Geheimnis« verehren. Zur Transzendenz selbst gehört das exzeptionelle menschliche Transzendieren der Welt, mit dem jeder religiöse Akt beginnt. In den Stifterreligionen wird darum der einmalige religiöse Akt des Stifters als erstmalig angesehen, zum Vorbild für die Nachahmung erhoben und als Sakrament der Vermittlung mit der darin erfahrenen Transzendenz weiter zelebriert. Zwar ist der Vermittler nicht selbst das, was er vermittelt. Weil es aber nur durch ihn vermittelt wird, gewinnt er als Weg konstitutive Bedeutung für das Ziel und eine führende Kraft für alle, die es suchen. Bloch spricht religionsgeschichtlich von einem »wachsenden« Selbsteinsatz der Stifter ins religiöse Geheimnis. Diese Vorstellung von einer Evolution in der religiösen Entwicklung ist freilich konstruiert. Sie ist von jener Religion her konstruiert, die sich selbst als »die

2. Dazu Gershom Scholem, Die jüdische Mystik in ihren Hauptströmungen, 1957; Von der mystischen Gestalt der Gottheit 1973; Judaica, 1963; Schalom Ben-Chorin, Die Antwort des Jona, 1956; Jüdischer Glaube, 1975.

absolute Religion« ausgibt. Bloch nimmt diesen Anspruch von Hegel auf. Wenngleich er nicht – wie Hegel – das Christentum zur »absoluten Religion« erklärt, fragt er doch nach einer Vollendung der Religionsgeschichte. Diese Sehnsucht nach der Vollendung der Religionsgeschichte ist messianisch. Sie führt sowohl zur Absolutsetzung der eigenen religiösen Erfahrung und zur Relativierung aller anderen Erfahrungen, wie auch zur Relativierung aller eigenwilligen, vorzeitigen Vollendungen ins geschichtlich Unvollendbare. Diese Ambivalenz ist in Blochs Darstellung gut zu erkennen. Er findet jenen »Selbsteinsatz ins religiöse Geheimnis« bei Mose und Jesus vollendet: Mose machte durch seinen religiösen Akt Gott zum »Exoduslicht« seines Volkes. Aus dem »Gott über uns« wurde der »Gott vor uns«, aus dem hohen Himmelsherrn das zukünftige Reich seiner Herrlichkeit auf Erden. Jesus durchdringt durch seine Hingabe das Transzendente als menschlicher Tribun und utopisiert es zum Reich[3]. Das bleibt noch in den Bahnen von Hegels »absoluter Religion«, mit dem Unterschied allerdings, daß die Geschichte des menschlichen Bewußtseins von Gott keineswegs schon als die Geschichte des göttlichen Bewußtseins von sich selbst gilt, sondern nur erst auf die endgültige Herausstellung der messianischen »Hoffnung in Totalität« zielt. Mit Feuerbach wurde nach Bloch eine neue »Anthropologie der Religion« fällig, über Hegel und Feuerbach hinaus verlangt Bloch aber eine neue »Eschatologie der Religion«[4]. Die religiöse Symbolik wird mit Feuerbach »um des Menschen« willen entmythologisiert. Sie wird aber gegen Feuerbach nicht auf den vorhandenen Menschen, sondern auf das reduziert, worum es dem vorhandenen Menschen eigentlich geht, wonach er im Kern seiner Existenz hungert, was ihm im Dunkel des gelebten Augenblicks einleuchtet. Blochs Entmythologisierung geschieht nicht nur »um des Menschen willen«, sondern auch

3. Das Prinzip Hoffnung, 1959, 1402.
4. PH 1416.

»um Gottes willen«. Sie ist in der Vereinigung beider eine eschatologische Entmythologisierung um dessen willen, was Gott und Mensch eigentlich wollen, nämlich ihre Gemeinschaft in Herrlichkeit. Das messianisch mit »Gott« Gedachte und Gewollte wird darum so wenig abgetan und erledigt, wie das unter »Mensch« und »Natur« Gedachte und Intendierte. Beides wird in der Hoffnung aufbewahrt und herausgebracht. Blochs Grundsatz »Wo Hoffnung ist, ist Religion« führt zu seiner Vorstellung vom Christentum als dem »Wesen der Religion«, sofern und soweit nämlich im Christentum der »human-eschatologische, darin sprengend gesetzte Messianismus« heraus und zum Vorschein gekommen ist[5]. Zugleich gilt auch das Gegenteil: »Wo Hoffnung ist, ist Atheismus«, sofern und soweit im Atheismus und seiner Religionskritik eben dasselbe intendiert wird, nämlich der human-eschatologische, darin sprengend gesetzte Messianismus. Das ist das ambivalente Geheimnis in Blochs »Religion im Erbe«, der Hoffnung in Totalität. Denn diese »Religion im Erbe« kann eine Beerbung von Totgesagtem bedeuten und in dieser Hinsicht irreligiös sein. Sie kann auch die Erfüllung des von der Religion nur Verheißenen meinen und darin mehr als religiös sein. Darum nennt Bloch sie einmal »ohne Religion« und zwei Seiten vorher »nicht einfach keine Religion«[6]. Diese Doppelbedeutung ist ein typisches Zeichen für jedes messianische Vollendungspathos. Es muß im gleichen Atemzug be-enden und voll-enden. Infolgedessen muß auch Blochs Atheismus, will er konsequent sein und nicht auf Ersatzbefriedigungen ausweichen, gegen »Gott« für Gott auftreten.

2. *Messianismus und Utopien*

Worauf richtet sich Blochs Messianismus? Die von ihm verwendeten Zielsymbole sind wechselnd, schwebend, ver-

5. PH 1404.
6. PH 1416 und 1414.

änderlich und undeutlich. Angesprochen werden »Totalität«, »sprengende Vollkommenheit«, »ens perfectissimum«, »Heimat der Identität«, »Wohnlichkeit im Dasein«, »Verklärung der Natur«, und immer wieder »das Reich«, astralmythisch und mit Dostojewski als »Kristall« gedeutet, biblisch »als Herrlichkeit« gesehen. »Wiedergeburt« und »Sprung ins Ganz-andere« sind ihre Bedingungen gegenüber dieser Welt, ihren Gesetzen und Gewohnheiten. Bloch spricht in diesen Zusammenhängen gern von der »unbedingtesten Utopie«, der Utopie des Unbedingten, des nicht Vorhandenen, des noch nicht gewordenen. Es kündigte sich in wechselnden Zeichen und Signalen zwar an, ist aber noch keinem bekannt. Es wird im Dunkel des gelebten Augenblicks mystisch erfahren, kann aber in der noch unveränderten Welt nicht gesehen und erfaßt werden. Dieser Messianismus des Totum, des Reiches, der Herrlichkeit oder der Identität gilt Bloch als »das Salz der Erde und des Himmels dazu«[7]. Der Messianismus, der solche Zukunft in der Geschichte proklamiert, muß ihre Unerreichbarkeit auch durch die besten aller möglichen Gesellschaft kenntlich machen, indem er ihren Stachel an der »unaufgehobenen Unvermitteltheit der umgebenden Natur« ständig einschärft. Bloch hat bekanntlich speziell die Sozialutopien vom Glück und ihre Realisierungen durch wissenschaftlichen Sozialismus und die Rechtsutopien von der menschlichen Würde und ihre politischen Realisierungen durch Menschenrechte und Demokratie dargestellt. Aber sie gelten ihm als partielle Utopien, die aus dem »Totum der Utopie« herausgenommen und – wo immer sie isoliert betrachtet und borniert vereinseitigt werden – herausgefallen sind. Ohne das »Totum der Utopie« verlieren sie ihren Zusammenhang und ihre besten Intentionen. Im »Totum der Utopie« wird nämlich ein Absolutum antizipiert, »worin noch andere Widersprüche als die

7. PH 1415.

sozialen aufhören sollen, worin auch der Verstand aller bisherigen Zusammenhänge sich ändert«[8]. Bloch unternimmt also keineswegs eine Reduktion der messianischen Utopie oder gar der religiösen Hoffnungsbilder auf innerweltliche, soziale oder politische Realutopien, sondern gerade umgekehrt eine Integration dieser Partialutopien in das Totum der Utopie. Darin ist er nicht nur Metaphysiker, sondern auch Metaethiker, Metasozialist und Metareligiöser. Wer – es sei aus Furcht oder Hoffnung – angenommen hatte, daß in der »klassenlosen Gesellschaft« die Religion beerdigt würde, wird zum Schluß des Buches über »Naturrecht und menschliche Würde« enttäuscht: »Wohl wird eine nicht mehr antagonistische Gesellschaft alle weltlichen Geschicke fest in der Hand halten, sie setzt ökonomisch-politische Situationslosigkeit, Schicksalslosigkeit, doch eben deshalb treten die Unwürden der Existenz desto fühlbarer hervor, vom Kiefer des Todes herab bis zu den Lebensebben der Langeweile, des Überdrusses. Die Boten aus Nichts haben ihre bloßen Valeurs aus der Klassengesellschaft verloren, tragen ein neues, jetzt noch weitgehend unvorstellbares Gesicht, doch die in ihnen abgebrochene Zweckreihe frißt ebenfalls auf neue Art.«[9] Darum endet Blochs utopischer Ausblick auf die klassenlose Gesellschaft mit der Vision einer neuen Religion als »Rückverbindung eines ganzen Traums nach vorwärts mit unserem bedürftigen Stückwerk«[10] und der Vision einer neuen Kirche, die es mit der Freundlichkeit, der tiefdringenden, der Brüderlichkeit, der schwierigen, ernst nimmt«, einer Katholizität in Solidarität, einer Ökumene, »damit sie nicht in den Tag hinein, sondern über den Tag hinauslebt«, also ein »Kirchenschiff ohne Aberglaube und auf Fahrt«[11]. Wer – es sei wiederum aus Furcht oder aus Hoffnung – angenommen

8. PH 1411.
9. Naturrecht und menschliche Würde, 1963, 310f.
10. AaO. 312.
11. AaO. 314, 312.

hatte, Bloch müsse Jesus von Nazareth zum Sozialrebellen oder politischen Revolutionär stilisieren, wird nicht weniger enttäuscht. Der messianische Reichsgedanke begann wohl in der Predigt Jesu als soziale Bewegung unter den Mühseligen und Beladenen, den Erniedrigten und Beleidigten wirksam zu werden, weil er ihnen Impuls, Wertgefühl und Hoffnung brachte, fällt aber seinem intendierten Inhalt und Umfang nach keineswegs mit irgendeiner Sozialutopie zusammen. Das befreiende Evangelium für die Armen nimmt als geschichtlich notwendige Gestalt bei diesen Unscheinbaren vorweg, was als es selbst noch unerschienen ist und das ganze System von Erde und Himmel sprengen wird, wie die Apokalypse verkündet, nämlich das Reich[12].

Der unbedingte und totale Hoffnungsinhalt des Messianismus wird in den Symbolen von Gott und dem Reich Gottes angesprochen. Er stimuliert immer neue, realitätsbezogene Sozial- und Rechtsutopien und treibt die Befreiungsbewegungen und den Kampf des Volkes um Gerechtigkeit an. Er selbst geht aber darüber hinaus und führt Menschen durch sie hindurch weiter. Hier ist mithin konkrete Utopie und mehr als Utopie. Hier ist reale Revolution und mehr als Revolution. Das macht der Überschuß der messianischen Hoffnung trotz der Umwandlungen der Gotthypostase in den eschatologischen Impuls, ja gerade wegen dieser Umwandlung dessen, was in keiner Umwandlung aufgeht und deshalb auch die Umwandlungen wieder umwandeln wird. Der Messianismus wird durch seine Produktion von Realutopien und ihre Vermittlung mit dem subjektiv und objektiv Möglichen konkret. Er transzendiert ständig in die Immanenz hinein. Aber er bringt seine eigenen Verwirklichungen auch ständig wieder in die Schwebe des weiterziehenden Noch-nicht und immaniert in die Transzendenz.

12 PH 1493ff.

Wer messianisch zu leben beginnt, kommt immer an, aber nie nach Hause.

3. Messianismus und Atheismus

»Ohne Atheismus hat Messianismus keinen Platz«, lautet Blochs These[13]. Was aber sollen hier »Theismus« und »Atheismus« heißen? »Dasein Gottes, ja Gott überhaupt als eigene Wesenheit, ist Aberglaube«, liest man[14]. Religion selbst ist Aberglaube, wenn sie nicht Hoffnung ist und ihre Symbole nicht Symbole jener unbedingtesten Utopie sind und zur Bewegung der Hoffnung einladen. Blochs Atheismus wendet sich dezidiert gegen das zum »Gott«, dh. zu einer eigenen, für sich existierenden Wesenheit hypostasierten Hoffnungssymbol des totum. Wird Gott absolut gedacht und verehrt, dann wird die Hoffnung gelähmt. Darum fallen für ihn die Vorstellungen vom Weltenschöpfer und Weltregierer, von Himmelsmacht und Throngewalt. »Gott wird zum Reich Gottes, und das Reich Gottes enthält keinen Gott mehr, d.i.: diese religiöse Heteronomie und ihre verdinglichte Hypostase lösen sich völlig in der Theologie der Gemeinde auf, aber als einer, die selbst über die Schwelle der bisherigen Kreatur, ihrer Anthropologie und Soziologie getreten ist.«[15] Wie bei Feuerbach, so heißt es auch bei Bloch mit gewisser Monotonie, Gotteshypostasen seien »nichts anderes als . . .«. Dennoch läßt die zitierte messianische Verbundenheit des Atheismus keine Reduktion der religiösen Symbole auf die Anthropologie des vorhandenen Menschen oder die Soziologie der vorhandenen Gesellschaft zu. »Gott« und das »Reich Gottes« fallen praktisch nur im Überschreiten der bisherigen Gestalt der Kreatur und final erst im eschatolo-

13. PH 1413.
14. Ebd.
15. PH 1408.

gischen Sprung des »Siehe, ich mache alles neu« zusammen. Es ist die »religiöse Reichsintention als solche, die Atheismus, endlich begriffen, involviert«[16], und nichts anderes. Hat also ohne Atheismus der Messianismus keinen Platz, so hat umgekehrt der Atheismus ohne den Messianismus keine Kraft.

Wer die messianische Intention des Atheismus und der Religionskritik von Bloch nicht begreift, versteht ihn nicht. Sein Atheismus ist kein Reduktionsatheismus, kein »Aufkläricht«, und erst recht keine Beschränkung auf die Banalität. Es handelt sich auch nicht, trotz der Nähe zu Feuerbach, um einen nur futurisierten Reduktionsatheismus. Wie in den besten Partien bei Marx geht es bei Bloch allein um eine funktionale Kritik der Religion, nicht um eine Wesenskritik des Religiösen, darum auch allein um eine funktionale Neuinterpretation des Theismus im Sinne des Messianismus. Theismus ist Aberglaube, wenn er Aberglauben bewirkt. Er bewirkt erst dann Hoffnung, wenn seine Funktionen messianisch neu interpretiert werden. Theismus wirkt auf den Menschen entfremdend und freiheitsberaubend, sofern er Erfahrungen religiös fixiert und damit das messianische Transzendieren behindert. Wenn Erfahrung, Praxis und Analyse zeigen sollten, daß der Gottesglaube befreiend, stimulierend und mobilisierend auf das reale Transzendieren des Elends wirkt, fällt diese funktionale Kritik dahin. Die Kritik der alten Praxis des Gottesglaubens wird nur durch neue Praxis widerlegt. Das ist die eine Ebene der funktionalen Religionskritik von Marx und Bloch.

Dahinter zeigt sich eine andere Ebene. Es ist der Impuls des *mosaischen Bilderverbots,* das von Bloch wie auch schon von Adorno auf die jüdische und die christliche Religion, auf christliche Theologie und metaphysische Abbildungen der Wirklichkeit selbst angewendet wird. In der

16. PH 1415.

baalisierten Jahwereligion haben die alttestamentlichen Propheten die Unterscheidung zwischen Jahwe und den Baalim am Bilderverbot eingeschärft. In den politischen Religionen des Christentums haben Kreuzestheologie und Kreuzesnachfolge die Vergötzungen des christlichen Glaubens auf entsprechende Weise kritisiert. Blochs Atheismus steht unter dem Eindruck des Bilderverbots, jüdisch radikalisiert im Verbot, den Namen Gottes auszusprechen und das Wesen Gottes vorzustellen, und ist auf weite Strecken dessen Vollstreckung. Werden religiöse Symbole aus religiöser Erfahrung gebildet, dann dürfen sie religiöse Erfahrungen nicht dogmatisieren, sie würden sonst die Erfahrung fixieren und damit die Reise beenden. Sie können aber zu weiteren Erfahrungen und Entdeckungen einladen. Deshalb müssen sie offen und beweglich bleiben, wenn sie öffnen und zur Bewegung des Transzendierens einladen wollen. Ursprungssymbole holen Menschen immer wieder zum gleichen Ursprung ab. Sie figurieren die *restitutio in integrum.* Eschatologische Symbole laden Menschen zum Aufbruch aus dem immer Gleichen und zur Erfahrung des neuen Lebens ein. Als Zeichen der Veränderung sind sie selbst veränderliche Zeichen einer Reise ohne Wiederkehr. In Blochs Symbolik zeigt sich seine Vorliebe für die Symbole des *»incipit vita nova«*. Seine Entmythologisierung zwecks Eschatologisierung der religiösen Symbole hat Anhalt an den messianischen Traditionen des Judentums: Wenn die messianische Zeit anbricht, werden die bedrükkenden Götzen und Dämonen aus der Welt verschwinden[17]. Die Erde wird menschlich und bewohnbar. Es ist die Idee des Messianismus, daß die messianische Zeit unter anderem auch das Bilderverbot weltweit erfüllen wird. Die messianische Zeit wird die Welt so verwandeln, daß der menschliche Verstand seine in den Bildern verdoppelte und verfremdete Welt verlassen kann.

17. Ben-Chorin, Die Antwort des Jona, 112.

Hinter dieser Ebene des Bilderverbots zeigt sich dann eine dritte, die messianische Ebene. Nach kabbalistischer Tradition wird die messianische Welt eine Welt ohne Gleichnisse sein. In ihr werden das Gleichnis und das Verglichene nicht mehr aufeinander bezogen werden müssen, weil in ihr ein Sein auftaucht, das nicht mehr abbildbedürftig und auch nicht mehr abbildfähig ist[18]. Die Differenzen von Gott und Schöpfung, von Glauben und Erfahrung, von Bewußtsein und Sein hören dann auf. Enthält nicht auch die paulinische Eschatologie diese Vision? Wenn alle Gewalten abgeschafft und der Tod vernichtet sind, dann wird »Gott alles in allem sein« (1Kor 15,28). Ist aber Gott »alles in allem«, dann fällt die geschichtliche Differenz zwischen Gott und Welt fort, die durch Symbole, Gleichnisse, Vorstellungen und Hypostasen überbrückt werden mußte. In der Herrlichkeit Gottes, die in allem einwohnt und alle durchdringt, endet die Fremdartigkeit Gottes gegenüber dieser Welt und die Entfremdung der Menschen von Gott. Darum enden dort auch alle Symbole und Gleichnisse des Anderen, die in der Geschichte an der Fremdheit Gottes und der Entfremdung des Menschen teilhaben, weil sie auf geschichtliche Weise auf jene Heimat verweisen. Sie sind für das gefangene Gottesvolk »das Lied des Herrn im fremden Land« (Ps 137,4). »Gott alles in allem« ist nicht mehr abbildfähig und auch nicht mehr abbildbedürftig, weil er durch nichts anderes vertreten und durch nichts Drittes vermittelt werden muß. Diese Vision meint eine unmittelbare Nähe Gottes, die Bilder, Symbole, Zeichen und Chiffren überflüssig macht. Das gilt auch für die theologischen Begriffe. Was in der Geschichte und Entfremdung »Gott« genannt wird, gründet in den Exoduserfahrungen der Geschichte und weist auf die alles durchdringende Herrlichkeit, nimmt aber selbst noch an der Fremdheit und Sklaverei teil, aus der aufgebrochen wird. Die Herrlichkeit er-

18. G. Scholem, Judaica, 72f.

strahlt in einem Licht, das bisher – nach jüdischem Messianismus – noch nicht, – nach christlichem Glauben in der paradoxen Gestalt des auferweckten Gekreuzigten – schon – aus seiner Quelle hervorgetreten ist. Was noch keiner gesehen oder gehört hat, was nur in der unscheinbaren und unansehnlichen Gestalt Christi zum Vor-schein gekommen ist, soll im Reich die Welt verwandeln und verklären. Im Blick auf die in der Geschichte notwendig entfremdeten Theismen wird also das Reich Gottes »atheistisch« sein. Darum sind jene geschichtlich bedingten Theismen messianisch zu interpretieren, dh. auf ihre eigene Selbsterübrigung in der unvermittelten Gegenwart Gottes hin. Bloch bleibt messianisch, wenn seine Aussagen auf diesem Feld zweideutig und widerspruchsvoll bleiben. »*Gott* wird zum *Reich Gottes,* und das *Reich Gottes* enthält keinen *Gott* mehr« – diese These ist, will man ihr nicht Gedankenlosigkeit unterstellen, hochgradig paradox in der widersprüchlichen Verwendung des Wortes »Gott«. Wäre bloße Reduktion gemeint, dann dürfte das Reich nicht mehr als »Reich Gottes« bezeichnet werden. Ist die messianische Interpretation richtig, dann wird »Gott« als außerhalb der Welt für sich existierende Wesenheit im kommenden Reich zur in der Welt einwohnenden Herrlichkeit. Das »Reich Gottes« enthält dann tatsächlich keinen von der Welt getrennten und außerhalb ihrer für sich existierenden »Gott« mehr. Auch der folgende Satz enthält diese Paradoxie: »Diese religiöse Heteronomie und ihre verdinglichte Hypostase lösen sich völlig in die *Theologie* der Gemeinde auf . . .« Sie lösen sich also nicht in die Autonomie des Menschen auf, sondern in die »Theologie der Gemeinde«. Damit kann, wie der anschließende Satz vom Überschreiten der »Schwelle der bisherigen Kreatur« zeigt und der Anklang an Hegel vermuten läßt, nur die Einwohnung Gottes in seinem Volk kraft des Heiligen Geistes, der »Gott in uns« und »mit uns«, gemeint sein. In der Geistes-gegenwart Gottes und in der neuen Schöpfung lösen sich in der Tat religiöse Heteronomien und verdinglichte Hypostasen auf. Auch der Satz von der »Vollendung des Exodusgottes zu dem des Reiches, zur Auflösung Jahwes in diese Herrlichkeit«[19] ist messianisch zu verstehen. Der Exodusgott vollendet sich selbst zum Gott des Reiches, und diese »Vollendung« ist dann zugleich die »Auflösung« seiner geschichtlich offenbaren und geschichtlich bedingten Jahwegestalt in die Gestalt jener Herrlichkeit, von der nach der Vision der Propheten »alle Lande voll sind« (Jes 6,3). Gewiß gibt es daneben bei Bloch viele Aussagen, nach denen das Mysterium Gottes à la Feuerbach »nichts anderes« sein soll als das Mysterium des Humanum[20]. Mit solchen Aussagen aber gerät Bloch unter das Niveau des messianischen Denkens und seiner eigenen besseren Einsichten.

4. Der Preis des Messianismus

Gershom Scholem hat am Ende seines Traktats über »Die messianische Idee im Judentum« den Preis genannt, den das jüdische Volk für diese Idee, die es der Welt geschenkt hat, bezahlen mußte und noch heute zahlt. Der Größe der messianischen Idee entspricht die Schwäche der jüdischen Diaspora, die im Exil zum Einsatz auf der geschichtlichen Ebene nicht bereit war, weil sie messianisch von der Heimkehr träumte. Die messianische Hoffnung hat das jüdische Volk in der Zerstreuung unter die Völker am Leben erhalten. Von Jahr zu Jahr lebte man im Gedanken: »Das nächste Jahr in Jerusalem«. Eben darum aber lebte man nicht mit vollem Herzen in der Gegenwart. Die messianische Idee hat die Schwäche des Vorläufigen und Provisorischen, das sich nicht ausgibt, sondern sich aufbewahrt, das nicht sterben kann, weil es nicht leben will. »In der Hoff-

19. PH 1493.
20. Vgl. zB. PH 1515ff: »Gott als utopisch hypostasiertes Ideal des unbekannten Menschen.«

nung leben ist etwas Großes, aber es ist auch etwas tief Unwirkliches.«[21] Die messianische Idee hat im Judentum »das *Leben im Aufschub* erzwungen, in welchem nichts in endgültiger Weise getan und vollzogen werden kann«.[22] Die Bereitschaft zum unwiderruflichen Einsatz fürs Konkrete hat das Judentum erst nach Auschwitz in der Heimkehr auf Zion gefunden; zwar von den messianischen Obertönen des Zionismus begleitet, aber ohne sich einer Metageschichte zu verschreiben. Ob es diesen Einsatz aushält, ohne in der Krise des messianischen Anspruchs unterzugehen, ist die Existenzfrage des israelischen Judentums. Im Zionismus wurde der jüdische Messianismus konkret. Aber der Zionismus hat die messianische Hoffnung zugleich auch in die Krise der enttäuschenden Erfüllung gebracht, so daß es entweder zum Versanden der messianischen Hoffnung im Sinai und auf dem Golan kommt, oder zur Wiedergeburt der transzendenten Elemente des Messianismus[23]. Auch Blochs philosophischer Messianismus führt die Welt in die Schwebe: »Solches Wissen-Gewissen ... als das Eingedenken dessen, Hoffnung in Totalität zu sein, erfaßt zugleich das Wesen der Welt in ungeheurer Schwebe, zu einem Ungeheuerlichen hin, von dem die Hoffnung glaubt, die aktive Hoffnung betreibt, daß es ein gutes sei.«[24] Für diesen Schwebezustand, in den die messianische Idee die Welt und die Welterfahrungen bringt, verwendet Bloch in reichen Variationen die Symbole vom »offenen Weltprozeß«, von »Prozeßmaterie« und vom »Experimentum Mundi«. Das klingt auf der einen Seite ermutigend: Nichts ist endgültig, alles ist offen, »noch ist Polen nicht verloren«. Hoffnung kann enttäuscht werden, sonst wäre sie nicht Hoffnung, aber sie kann durch keine

21. G. Scholem, Judaica, 73.
22. AaO. 73f.
23. Jochanan Bloch, Selbstbehauptung. Zionistische Aufsätze (Zeitstimmen 61/62), 1972.
24. PH 1409.

Enttäuschung zerstört werden, weil keine endgültig ist. Das hat die von Gershom Scholem genannte Schwäche in sich: nichts wird auf endgültige Weise getan, alles bleibt im vorläufig Provisorischen. Das Leben in dieser »Schwebe«, dazu in der »ungeheuren Schwebe« der Hoffnung auf »das Ungeheuerliche hin« kann nur ein Leben im ständigen Aufschub sein. Jedes Wort bleibt offen, jeder Gedanke bleibt flüssig, jede Tat widerrufbar. Alles ist ein »Experiment«. Der Kern der Existenz gibt sich nicht hin und nicht aus, weil er noch nicht zum Vorschein gekommen ist und auch nicht wirklich herauskommen kann. Wo aber und wodurch kommt in dieses stets vorläufige, weil hoffende messianische Leben und Denken das Endgültige, der Einsatz ins Konkrete ohne Vorbehalt und Ausweichmöglichkeiten, die restlose Hingabe und das Sterben-können? Auch wenn man das messianische Leben in Hoffnung nicht negativ als ein »Leben im Aufschub«, sondern positiv als ein »Leben in der Vorwegnahme« interpretiert, und das Leben in der Dynamik des Vorläufigen nicht durch das ständige »Noch-Nicht-Wirkliche«, sondern als das »Jetzt-schon-Mögliche« bestimmt, bleibt diese Frage als Kritik an der Theorie und Praxis des Prinzip Hoffnung bestehen.
Versuchen wir die Schwäche des Messianismus und des Prinzip Hoffnung von Bloch zu überwinden, ohne beide zu zerstören, dann werden wir in die dialektischen Kategorien des Vorläufigen die paradoxen Elemente des Endgültigen einbringen müssen[25]. Anders ist die Gefahr, nur eine immer mögliche, aber stets unwirkliche Scheinwelt zu erkennen und das Leben hier nicht oder noch nicht oder nur als Experiment zu leben, kaum zu vermeiden. *Dietrich Bonhoeffer* hat auf seinem Weg ohne Wiederkehr in seinem endgültigen Gefängnis unter dem Eindruck der Lektüre des Alten Testaments geschrieben: »Nur wenn man die

25. Vgl. dazu H. Deuser, Sören Kierkegaard. Die paradoxe Dialektik des politischen Christen, 1974.

Unaussprechlichkeit des Namens Gottes kennt, darf man auch einmal den Namen Jesus Christus aussprechen, nur wenn man das Leben und die Erde so liebt, daß mit ihr alles verloren und zu Ende zu sein scheint, darf man an die Auferstehung der Toten und eine neue Welt glauben.«[26] Zwar hatte auch Bonhoeffer früher in seiner »Ethik« das »Vorletzte« vom »Letzten« säuberlich unterschieden[27]. Aber im Angesicht des Todes erkannte er, daß beide, Liebe und Tod wie Auferstehung und neue Welt, »letzte Dinge« sind. Die Hingabe des Lebens in der Liebe und im unwiderruflichen Einsatz fürs Konkrete kann nur mit der gleichen unbedingten Leidenschaft getan werden, wie die Auferstehung und das Reich Gottes erhofft werden. Hingabe und Hoffnung, Tod und Auferstehung lassen sich nicht in einem Mittleren, das zwischen Tod und Leben steht, ausgleichen, weder auf den freundlich offen stehenden Weltprozeß noch auf ein Leben im Aufschub. Hingabe und Hoffnung können nur in endgültiger Weise geschehen. Sie lassen sich nicht in irgendeine »Schwebe« bringen, ohne um ihr Bestes gebracht zu werden.

Die messianische Zeit beginnt nach jüdischer und christlicher Tradition mit Todesschmerzen der alten und Geburtsschmerzen der neuen Welt. Sie hat, christlich gesehen, mit der Passion und dem Kreuzestod Christi begonnen. Nicht Jesu Selbsteinsatz in ein transzendentes Geheimnis, sondern sein Selbsteinsatz ins immanente Geheimnis »bis zum Tod am Kreuz« eröffnet die messianische Zeit und das messianische Leben. Diese Hoffnung wird deshalb nur durch vollen Selbsteinsatz in das Konkrete praktiziert. Das ist kein Schwebezustand, kein offener Prozeß und keine bloß experimentelle Haltung, sondern die Paradoxie des Lebens und Sterbens im Licht von Kreuz und Auferstehung des Messias. Es gibt dann kein Transzendieren der

26. Widerstand und Ergebung, 1951, 112f.
27. Ethik, 1949, 75ff.

Hoffnung ohne die paradoxe Gegenbewegung der Inkarnation der Liebe, keinen Aufbruch zu neuen Ufern ohne die Hingabe des Lebens und keine Vorwegnahme der Zukunft ohne Investition für sie. In der Bewegung der Inkarnation bis in die Passion und den Tod hinein wird auf paradoxe Weise das Reich Gottes jetzt schon gelebt und nicht nur erhofft. Das wirkliche Leben der Hoffnung in der Gemeinschaft mit dem gekreuzigten Messias wird nicht anders offenbar, denn »als die Sterbenden und siehe wir leben« (2Kor 6,9). Ohne diese Paradoxie des Realen bleibt die Dialektik des Möglichen unwirklich.

VII.

Tischrede zum 90. Geburtstag

Lieber Ernst Bloch,
wie kommt Bloch unter die Theologen – wie die Theologen zu Bloch? das mögen sich manche fragen, die heute abend nicht mit uns zu Tische sitzen. Sie haben es schon seit 15 Jahren gefragt, die einen aus Angst um die Theologie, die anderen aus Sorge um den Sozialismus. Lassen wir sie weiter fragen. »Prophete links, Prophete rechts – das Weltkind in der mitten«, hieß es früher. In unserem Falle aber scheint es mir mitnichten ausgemacht zu sein, wer hier die Propheten und wer die Weltkinder sind. Ich selber bekenne gern, daß ich bei Ihnen Theologie gelernt habe, obwohl Sie sicher keine lehren wollten. Und unser Freund Metz hat treffend gesagt: »Ernst Bloch – von dem ich, der junge Theologe, nie fortging ohne Dankbarkeit und größere Nachdenklichkeit«. So ist es wirklich den vielen jungen und nicht mehr so jungen Theologen ergangen, die in Ihr Haus kamen, im Seminar die Ohren spitzten und die Bücher der Hoffnung wie Sekt tranken. Sie kamen auf neue Ideen und gewannen andere Fragen. Wir alle haben aus Ihren Schriften die Morgenluft der Freiheit gewittert, den Mut zum Widerstand gegen die Schatten der Nacht gelernt und den kategorischen Imperativ zum humanen Sozialismus gehört.
Ernst Bloch platzte 1961 in unsere Landschaft der politischen und kirchlichen Restauration und des wachsenden Unbehagens an ihr wie ein Gewitter hinein. Er hat zahllosen jungen Christen und Theologen jene führende Leidenschaft und die moralische Vision wiedergegeben, an deren

Verlust sie gelitten hatten. »Trachtet am ersten nach dem Reich Gottes« und überlaßt alles andere dem Zufall, sagte jener Radikale aus Nazareth. Das wurde in den sechziger Jahren wieder begriffen, und wir begriffen es mit Ihrer Hilfe. Denn wo sonst konnte man lesen: »das eschatologische Gewissen kam durch die Bibel in die Welt« (PH I, 254). Wer anders lehrte einen: »Wenn der Satz gilt: wo Hoffnung ist, ist Religion, dann wirkt das Christentum, mit seinem kräftigen Startpunkt und seiner reichen Ketzergeschichte, als wäre hier ein Wesen der Religion endlich hervorgekommen. Nämlich nicht statischer, darin apologetischer Mythos, sondern human-eschatologischer, darin sprengend gesetzter Messianismus« (PH II, 1404). Wer anders stiftete die Ehe bisher so sperriger Partner, wie Sozialismus und Christentum, in der Collage der Texte: »Marx sagte: Radikal sein heißt die Dinge an der Wurzel fassen. Die Wurzel aller (gesellschaftlichen) Dinge aber ist der Mensch. Der erste Johannesbrief wiederum sagte, die Wurzel Mensch nicht als Ursache von etwas, sondern als Bestimmung zu etwas nehmend: ›Und ist noch nicht erschienen, was wir sein werden. Wir wissen aber, wenn es erscheinen wird, werden wir ihm gleich sein, denn wir werden ihn sehen, wie er ist‹« . . . Dazu Bloch: »Hätten diese beiden Textstellen einander gelesen oder hätten sie einmal wechselseitig ein Treffen, dann fiele auch auf das Realproblem der Entfremdung in allem und ihrer möglichen Aufhebung ein gleichzeitig detektivisches wie utopisches Licht« (AiC, 351). – – – Und so kam Bloch unter die Theologen, und die Theologen kamen zu Bloch.
Und so kamen die Christen unter die Sozialisten und die Sozialisten unter die Christen. Ihre Texte hatten »wechselseitig ein Treffen«, und nicht nur ihre Texte. Es gab eine Zeit in den bewegten – und bald wohl einmal nostalgisch »golden« genannten – sechziger Jahren, da nannte man Bloch einen »geheimen Kirchenvater des 20. Jahrhunderts«. Große ökumenische Konferenzen griffen die The-

men »Revolution« (Genf 1966) und das »Siehe, ich mache alles neu« auf (Uppsala 1968). Das 2. Vaticanum ließ manchen sogar im Rom – im »1. Rom« – einen Vorort der Hoffnung sehen. Der »Sozialismus mit dem menschlichen Gesicht« in der CSSR brachte Christen und Sozialisten an eine gemeinsame Front. Die Befreiungskämpfe in der Dritten Welt, insbesondere in Lateinamerika, riefen die »Theologie der Befreiung« und die »Pädagogik der Unterdrückten« ins Leben. Und in allen diesen Bewegungen steckte der unruhige und beunruhigende Geist von Ernst Bloch. Das wechselseitige Treffen und Lesen jener Texte von Christen und Sozialisten wurde Wirklichkeit. Aber wo? –

»Kann Hoffnung enttäuscht werden?« Sie kann es nicht nur, sie wurde es; und wie! Aus dem »Land der unbegrenzten Möglichkeiten« kamen die grenzenlosen Unmöglichkeiten des Vietnamkrieges. In unserem Staat werden die offenen Möglichkeiten langsam, aber sicher zugemauert. Die einst ein wenig »offene Gesellschaft« droht jetzt zu einer »geschlossenen Gesellschaft« zu werden. Es gibt kaum noch einen Lebensbereich, in dem nicht die Schotten gegen die »Systemveränderer« dicht gemacht werden, und eben damit das System verändert wird. Die allgemeine Verknappung an Studienplätzen, Berufschancen, Arbeitsplätzen hat, wie jeder Arbeiter und jeder Student weiß, die Lage gründlich verändert. Es ist in Kirchen und Synoden, in Kultur und Politik nicht mehr opportun, »Ernst Bloch zu ehren«. Die Mode ist weg. Man trägt wieder lang und konservativ. Radikal zu sein, wird wieder mit »Baader-Meinhof« verwechselt. »Ausgewogenheit« wird verlangt und von Zeitungen und Fernsehsendungen erpreßt. Jedes magere Blümlein »Religion«, »Innerlichkeit« oder »Tradition« wird von denen zur »Tendenzwende« hochstilisiert, die ihre Intentionen ohne und gegen die Hoffnung betreiben wollen. Kann Hoffnung enttäuscht werden? Sie kann, aber nur als Hoffnung, nicht als Resignation und erst recht nicht als Tendenzwende ihrer selbst. Sie wird dann aus ihren Enttäuschungen lernen. Sie wird an ihrem Leiden reifen. Sie wird ihren Übermut lassen, wird realistischer werden. Sie wird ihre Entwürfe härter mit dem notwendigen Widerstand verbinden. Sie wird sich quer zu den »Tendenzwenden« der Reaktion legen. Natürlich sagt jeder Hoffende: »Ich bin gekommen ein Feuer anzuzünden auf Erden. Was wollte ich lieber, als daß es schon brennt.« Die Funken, die das PRINZIP HOFFNUNG versprühen, haben nicht überall Feuer entzündet. Aber so ein Ereignis wie dieses Buch vergißt sich nicht. Es brennt weiter. Ohne dieses brandstifterische Bild gesprochen: überall auf der Welt finden sich heute die »abrahamitischen Minoritäten«, wie Bischof Camara sie nennt, jene einzelnen und Gruppen, die aus ihren Sicherheiten aufbrechen, »das Volk des Exodus«, »das Volk der Seligpreisungen«. Sie begeben sich auf den »langen Marsch« und suchen das »gelobte Land der Zukunft«, in dem zwar noch keiner war, das aber jedem, wenn nicht in die Kindheit, so doch ins wache Gewissen scheint. Das ist keine Odyssee, – nach dem Brand von Troja heim nach Ithaka. Das ist überhaupt keine Heimreise, denn in der Erlösung strahlen vom Innern der Welt her, wie die spanische Kabbala sagte, Lichter auf, die bisher noch nicht aus ihrer Quelle hervorgetreten sind. Es ist Aufbruch und Bereitschaft für das Neue, weil Unvermutete, aber Erahnte. Es ist darum auch ein Abbruch und Bereitschaft zum Widerstand und zum Leiden an den Geburtsschmerzen der messianischen Zeit. Ich fand diese »Kinder Abrahams« in den Gefängnissen von Süd-Korea, arbeitslos in Tokyo, als »Fremde im eigenen Land« in den USA, mit den Narben der Verfolgung in Südafrika. Das Gerücht von Bloch war längst zu ihnen gedrungen. Ihn verstanden sie und wußten, daß er sie verstehen würde. Von ihnen lernt man den Mut der Hoffnung, einer gefangenen, verfolgten, gefolterten, aber leidenschaftlichen Hoffnung. »Wir sind Gefangene – Gefangene der Hoffnung«, sagt man dort, wo Christen, Sozialisten und Demokraten

gemeinsam leiden und durch ihr Leiden die neue Welt der menschenwürdigen Gemeinschaft vorbereiten.
Hoffnung – der Traum der Gefangenen? Das erinnert an den Psalm 126: »Wenn der Herr die Gefangenen Zions erlösen wird, dann werden wir sein wie die Träumenden«. Die Tränen und die Träume der Hoffnung gehören zusammen, denn die Träume sind nicht ohne Tränen der Leidenden und die Tränen nicht ohne die Träume der Hoffenden.
Bloch unter den Theologen – die Theologen bei Bloch: das ist schön heute abend, aber nicht so wichtig. Die Christen unter den Sozialisten und die Sozialisten unter den Christen? das ist schon wichtiger, ist auch gefährlicher. Die »Gefangenen der Hoffnung« und die »Hoffnung der Gefangenen«: das ist die Hauptsache. Darum gedenken wir jetzt gemeinsam der Freunde, die um der Hoffnung willen leiden, weil sie den Leidenden Hoffnung gebracht haben, und durch ihr Leiden Hoffnung anzünden.

Nachweise

Messianismus und Marxismus
Kirche in der Zeit 15, 1960, Heft 8.

Marxismus und die Menschenrechte
Kirche in der Zeit 17, 1962, Heft 3.

Hat die Schlange doch recht?
Unter dem von der Redaktion verfaßten Titel: »Und die Bibel ist doch links«, Der Spiegel 22, 1968, No 40.

Gespräch über die Kategorie Novum
Der evangelische Erzieher 18, 1966.

Die Bibel, Karl Marx und die Apokalypse
Südwest-Presse, 6. Juli 1970.

Philosophie in der Schwebe des Messianismus
Unveröffentlicht.

Tischrede zum 90. Geburtstag
Unveröffentlicht.

Jürgen Moltmann

Die ersten Freigelassenen der Schöpfung
Versuche über die Freude an der Freiheit und das Wohlgefallen am Spiel. (Kaiser Traktate 2) 4. Aufl. 1974. 80 Seiten. Kartoniert.

Das Experiment Hoffnung
Einführungen. 1974. 212 Seiten. Kartoniert.

Der gekreuzigte Gott
Das Kreuz Christi als Grund und Kritik christlicher Theologie. 2. Aufl. 1973. 320 Seiten. Leinen.

Gott kommt und der Mensch wird frei
Reden und Thesen. (Kaiser Traktate 17) 1975. 64 Seiten. Kartoniert.

Kirche in der Kraft des Geistes
Ein Beitrag zur messianischen Ekklesiologie. 1975. 392 Seiten. Leinen.

Die Sprache der Befreiung
Predigten und Besinnungen. 2. Aufl. 1975. 160 Seiten. Kartoniert.

Theologie der Hoffnung
Untersuchungen zur Begründung und zu den Konsequenzen einer christlichen Eschatologie. (Beiträge zur evangelischen Theologie, Band 38) 9. Aufl. 1973. 344 Seiten. Geheftet und Leinen.